Doris Lange
Gabriele Hack
Norbert Belker
Marc Brockmann
Otto Domke
Stefan Krusche
Walter Sennekamp
Franz-Josef Viehweg

Rationelle Energienutzung im Gartenbau

Für den Produktionsgartenbau ist der rationelle Einsatz von Energie von besonderer Bedeutung, da die Energiekosten bis zu 10 % des Betriebsertrages erreichen können. Im Hinblick auf die Entwicklung der nationalen und internationalen Energiewirtschaft und der Klimapolitik ist zu erwarten, dass der Produktionsfaktor Energie im Gartenbau in den kommenden Jahren eine weiterhin wachsende Beachtung finden wird. Die Erschließung vorhandener Einsparpotenziale ermöglicht neben der Nutzung regenerativer Energien und der Aushandlung günstiger Energiebezugsverträge eine bedeutende Senkung der betrieblichen Energiekosten und der CO_2-Emissionen.

Das vorliegende Buch will die Unternehmen des Gartenbaus bei der Bewertung der Energieeffizienz ihrer Betriebe und Anbauverfahren unterstützen und bei der Aufdeckung vorhandener Einspar- und Kostensenkungspotenziale Hilfestellung leisten. Neben den Grundlagen der rationellen Energienutzung sind die Ergebnisse einer landesweit durchgeführten energiewirtschaftlichen Unternehmensbefragung sowie Optimierungsansätze für ausgewählte Modellbetriebe wiedergegeben.

Die ersten Bände sind:

Rationelle Energienutzung in der Ernährungsindustrie
Jörg Meyer, Martin Kruska, Heinz-Georg Kuhn, Bernd-Ulrich Sieberger, Peter Bonczek

Rationelle Energienutzung in der Textilindustrie
Martin Kruska, Jörg Meyer, Nicole Elsasser, Andreas Trautmann, Patrick Weber, Tai Mac

Rationelle Energienutzung im Gartenbau
Doris Lange, Gabriele Hack, Nobert Belker, Marc Brockmann, Otto Domke, Stefan Krusche, Walter Sennekamp, Franz-Josef Viehweg

Weitere Bände für andere Branchen sind in Vorbereitung

Doris Lange
Gabriele Hack
Norbert Belker
Marc Brockmann
Otto Domke
Stefan Krusche
Walter Sennekamp
Franz-Josef Viehweg

Rationelle Energienutzung im Gartenbau

Leitfaden für die betriebliche Praxis

vieweg

Das Buch ist das Ergebnis des vom Land Nordrhein-Westfalen geförderten Projektes „Branchenenergiekonzept für den Produktionsgartenbau“, welches zum Ziel hatte, Konzepte für die rationelle Energienutzung für den produzierenden Gartenbau zu entwickeln. Es ist in einer Kooperation der Landwirtschaftskammer Westfalen-Lippe und der Landwirtschaftskammer Rheinland mit nordrhein-westfälischen Energieversorgungsunternehmen entstanden.

1. Auflage Februar 2002

Softcover reprint of the hardcover 1st edition 2002

Der Verlag Vieweg ist ein Unternehmen der Fachverlagsgruppe BertelsmannSpringer.

www.vieweg.de

Konzeption und Layout des Umschlags: Ulrike Weigel, www.CorporateDesignGroup.de

ISBN-13: 978-3-322-80231-6 e-ISBN-13: 978-3-322-80230-9
DOI: 10.1007/978-3-322-80230-9

Grußwort des Ministers für Wirtschaft und Mittelstand, Energie und Verkehr des Landes Nordrhein-Westfalen

Nordrhein-Westfalen ist das Industrie-, Dienstleistungs- und Energieland Nr. 1 in Deutschland. Seine Konzentration an Unternehmen und Arbeitsplätzen und der vielfältige Branchenmix macht Nordrhein-Westfalen einzigartig in Europa. Hieraus resultiert die Möglichkeit, aber auch die Verpflichtung des Landes Nordrhein-Westfalen, zur Minderung des Energieverbrauchs und damit auch zum Klimaschutz und zur Ressourcenschonung aktiv beizutragen.

Energieeinsparung und rationelle Energienutzung sind erklärte Ziele der Landespolitik. Dies auch in den über 5.100 gartenbaulichen Produktionsbetrieben umzusetzen ist für Nordrhein-Westfalen als dem Bundesland mit dem höchsten Anteil an Gartenbaubetrieben mit Gewächshausflächen eine besondere Herausforderung. Je nach Branche, Alter und Struktur des Betriebes können von 10 % bis über 40 % Energie eingespart werden. Für die Unternehmen sind Ressourceneffizienz und Kosteneinsparung unabdingbar geworden, um langfristig wettbewerbsfähig zu bleiben.

Mit den Branchenenergiekonzepten unterstützt das Ministerium für Wirtschaft und Mittelstand, Energie und Verkehr des Landes NRW aktiv die Bemühungen um mehr Energieeffizienz in ausgewählten Branchen. Dieser Förderschwerpunkt ist ein Leitprojekt im Rahmen der Landesinitiative Zukunftsenergien.

Branchenenergiekonzepte gehen von der Idee aus, dass Unternehmen innerhalb einer Branche bei vergleichbaren Produktionsprozessen ähnliche technische Strukturen und damit auch ähnliche technische Schwachstellen aufweisen. Mit Branchenkonzepten werden verallgemeinerbare Lösungen zur Steigerung der Energieeffizienz entwickelt. Dies hilft einzelnen Betrieben bei eigenen Planungen und Entscheidungen.

Verschiedene Beratungs- und Ingenieurunternehmen erarbeiten in enger Zusammenarbeit mit den entsprechenden Verbänden Konzepte für die Branchen der Ernährungsindustrie, Textilindustrie, Kunststoff verarbeitenden Industrie, Metall verarbeitenden

Industrie, Holz be- und verarbeitenden Industrie sowie des Produktionsgartenbaus und der Krankenhäuser.

Die Ergebnisse werden in Leitfäden und Kurzbroschüren zusammengefasst. Sie sollen allen interessierten Betrieben zugänglich sein, sie in ihren Bemühungen zur Verbesserung der betrieblichen Energieeffizienz unterstützen und damit zur Stärkung der Wirtschaftsstruktur in Nordrhein-Westfalen beitragen.

Mit dem vorliegenden Leitfaden wird das Ergebnis des Energiekonzeptes für Gartenbauunternehmen vorgestellt.

Ich danke den Landwirtschaftskammern Westfalen-Lippe und Rheinland, den beteiligten Gartenbaubetrieben und Energieversorgungsunternehmen und den berufsständischen Vertretungen für die engagierte Zusammenarbeit und die tatkräftige Unterstützung.

Düsseldorf, im Dezember 2001

Ernst Schwanhold
Minister für Wirtschaft und Mittelstand,
Energie und Verkehr des Landes Nordrhein-Westfalen.

Inhaltsverzeichnis

1 Einleitung

Die Landwirtschaftskammern Rheinland und Westfalen-Lippe wurden im Februar 1999 im Rahmen eines vom Ministerium für Wirtschaft und Mittelstand, Energie und Verkehr geförderten Projektes beauftragt, Konzepte zur Rationellen Energienutzung für die Branche des Produktionsgartenbaus zu erarbeiten und einen praxisorientierten Leitfaden für die Unternehmen des Produktionsgartenbaus zu erstellen. Das Projekt wurde begleitet vom Projektträger Energie, Technologie, Nachhaltigkeit (ETN) im Forschungszentrum Jülich.

Der vorliegende Leitfaden gibt einen Überblick über die Branche Gartenbau in NRW. Er ermöglicht einen Einblick in die vielfältige Thematik der Energieeinsparung und rationellen Energienutzung bei der gartenbaulichen Produktion und unterstützt bei den notwendigen Entscheidungen und Abläufen. Der Leitfaden soll den motivierten Leser durch die Phasen der Analyse und Optimierung der Betriebsabläufe bei der Produktion unter energiewirtschaftlichen Aspekten begleiten. Dabei werden nicht nur die technisch-planerischen Bereiche, sondern auch organisatorische, kulturtechnische und wirtschaftliche Gesichtspunkte berücksichtigt.

Der Leitfaden vermittelt in **Kapitel 2** Kenntnisse zur Struktur der Branche hinsichtlich Produktionsflächen und Energieeinsatz. Dies soll dem Leser die Möglichkeit geben, den Sektor Gartenbau anhand verschiedener Energiekennzahlen zum spezifischen und absoluten Energieeinsatz einzuschätzen und mit anderen Branchen vergleichen zu können. Darüber hinaus werden aus Angaben zum derzeitigen Stand der Anlagen- und Produktionstechnik Schlussfolgerungen bezüglich Energieeinsparpotenzialen und Emissionsreduzierungen der Branche abgeleitet.

In **Kapitel 3** werden konkrete Praxisbeispiele aus allen Sparten der gartenbaulichen Produktion dargestellt. Die Betriebe werden bezüglich ihres Wärme-, Strom- und Treibstoffeinsatzes analysiert und wesentliche Schwachstellen aufgezeigt. Da sich aus Einzelbeispielen keine allgemeingültigen Kennzahlen zum Energieverbrauch ableiten lassen, werden in **Kapitel 4** Modellbetriebe vorgestellt, die für den Unterglasanbau typische Betriebsstrukturen aufweisen. Diese Modellbetriebe werden insbesondere im Hinblick auf ihren Heizenergie- und Strombedarf untersucht. Weiterhin werden anhand der Modellbetriebe verschiedenen Maßnahmen zur Energieeinsparung hinsichtlich ihrer Einsparwirkung und Wirtschaftlichkeit dargestellt.

Kapitel 2 bis 4 beleuchten die Hauptbereiche des Energieeinsatzes im Gartenbau und zeigen die häufigsten Schwachstellen in den Betrieben auf. Sie liefern damit wichtige Argumente für die verstärkte Umsetzung von Energieeinsparungsmaßnahmen. Damit kann die berufsständige Öffentlichkeitsarbeit unterstützt werden, um die Idee der Rationellen Energieverwendung noch stärker in die betriebliche Praxis zu tragen.

In **Kapitel 5** werden die verschiedenen Möglichkeiten zur rationellen Energieverwendung im Gartenbau dargestellt. Hierbei steht eine Betrachtung der wesentlichen Maßnahmen mit detaillierten Ausführungen zu technischen und organisatorischen Merkmalen für die Unterglasproduktion im Vordergrund. Aufgenommen ist auch eine Übersicht der Einsatzmöglichkeiten regenerativer Energiequellen zur Beheizung von Gewächshäusern. Für die Bereiche der Pflanzenproduktion im Freiland sowie der Weiterverarbeitung werden Hinweise zur Optimierung des Energieeinsatzes in den jeweils wichtigsten Verbrauchsbereichen gegeben.

Eine Hilfestellung zur Umsetzung von Einsparmaßnahmen enthält **Kapitel 6** mit praktischen Vorschlägen zur Durchführung eines Energiechecks im Betrieb. Mit Hilfe dieser Prüfliste lassen sich wesentliche Schwachstellen erkennen und Anleitungen zu entsprechenden Verbesserungsmaßnahmen ableiten.

Zudem liefert der Leitfaden in **Kapitel 7** wichtige Informationen, welche Förder- und Finanzierungshilfen in Anspruch genommen werden können.

2 Besonderheiten des Gartenbaus

2.1 Struktur der Branche

Der Produktionsgartenbau zählt mit rund 45.000 Betrieben und einer Anbaufläche von 194.000 ha bundesweit zur zweitgrößten Gruppe innerhalb der Landwirtschaft (vgl. Tab. 2-1).

Tabelle 2-1: Größenstruktur und Voll-AK in den Sparten des Produktionsgartenbaus in Deutschland (Zusammenstellung aus verschiedenen Quellen, vgl. Tab. A-1 bis A-12 im Anhang).

Sparte	Anzahl Betriebe	Freiland [ha]	Unterglas [ha]	Voll-AK	Erlöse Mio DM
Zierpflanzenbau	13.500	4.311	2.755		1.977
Gemüsebau	3.850	82.739	1.152		1.845
Obstbau	26.000	79.955	-		8.759
Baumschulen	1.997	23.417	-		3.043
	45.347	190.422	3.907	ca. 400.000	15.624

Zierpflanzenbau Auf die Sparte des Zierpflanzenbaus entfallen 4.311 ha Freilandfläche und 2.755 ha Gewächshausfläche mit einem heizbaren Anteil von ca. 2.620 ha. Die Umsatzerlöse dieser Sparte betrugen im Durchschnitt der Jahre 1997 - 1999 1.977 Mio. DM (siehe Tab. 2-1). In Nordrhein-Westfalen konzentrieren sich 20 % der Unternehmen mit 3.392 ha Freiland- und 1.050 ha Unterglasfläche (vgl. Tab. 2-2). Rund 40 % der energieintensiven Unterglasflächen des Zierpflanzenbaus in Deutschland liegen in den Hauptanbaugebieten am Niederrhein, im Raum Köln/Bonn und im Münsterland.

Gemüsebau Der Gemüseanbau umfasst bundesweit eine Freilandfläche von rund 82.739 ha und eine Unterglasfläche von 1.310 ha, wobei der Anteil der heizbaren Fläche rund 1.150 ha beträgt. Der Jahresumsatz der Sparte lag in den Jahren 1997 - 1999 bei 1.845

Mio. DM (siehe Tab. 2-1). Rund 40 % der bundesdeutschen Vollerwerbsbetriebe befinden sich in NRW und bewirtschaften eine Fläche von ca. 15.000 ha (vgl. Tab. 2-2).

Obstbau

In der Sparte des Obstbaus befinden sich rund 7 % der bundesdeutschen Anbauflächen in Nordrhein-Westfalen. Etwa ein Viertel der bundesdeutschen Erdbeerproduktion wird hier angebaut.

Baumschulen

Rund 20 % der gesamten Anbaufläche von Baumschulgehölzen liegt in Nordrhein-Westfalen, wobei nach Erhebungen im Jahre 1994 eine leicht rückläufige Tendenz bei den Anbauflächen zu verzeichnen ist. Vor allem am Niederrhein finden sich große Produktionsbaumschulen, wohingegen im Münsterland und in Ostwestfalen Betriebe mit kleineren Produktionsflächen überwiegen.

Tabelle 2-2: Größenstruktur und Voll-AK in den Sparten des Produktionsgartenbaus in NRW (LK RHEINLAND, 2000; LK WESTFALEN-LIPPE, 2000).

Sparte	Anzahl Betriebe	Freiland [ha]	Unterglas [ha]	Voll-AK
Zierpflanzenbau	2.622	3.393	1.050	12.149
Gemüsebau	1.572	14.766	188	6.453
Obstbau	438	5.091	4	2.630
Baumschulen	507	4.391	39	5.743
	5.139	**18.159**	**1.281**	**26.975**

Größenstruktur der Betriebe

Die Betriebe des Produktionsgartenbaus in NRW sind typischerweise kleine Betriebe mit durchschnittlich 5 Voll-Arbeitskräften und einem Jahresumsatz von ca. 70.000 EURO/AK.

2.2 Energieeinsatz und Energiekosten

Nach Angaben von LABOWSKY (1996) verbrauchte der Gartenbau in den 90er Jahren jährlich rund 1,2 Mrd. l Öläquivalent, wobei Heizenergie mit ca. 90 %, Strom mit etwa 2,5 % und Treibstoffe mit etwa 7,5 % beteiligt sind. Derzeit beträgt der Gesamtheizenergieverbrauch im Unterglasgartenbau bundesweit ca. 1,3 Mrd. l Öläquivalent (ZVG, 2000). Davon entfallen ca. 30 % auf NRW.

Die eingesetzten Energieträger zur Beheizung von Gewächshäusern verteilen sich auf Bundesebene mit 64 % Heizöl, 33 % Erdgas, 2 % Kohle und 1 % Sonstige (siehe Tab. 2-3).

Tabelle 2-3: Energieträgereinsatz zur Deckung des Heizenergiebedarfs im deutschen Gartenbau, Schätzwerte für 1987, 1991 nach LABOWSKY (in VON ZABELTITZ, 1991) und für 1998 nach HUSMANN (1999).

	1987	**1991**	**1998**
Heizöl EL	57 %	63 %	64 %
Erdgas	20 %	27 %	33 %
Kohle	15 %	5 %	2 %
Heizöl S	-	3 %	-
sonstige	-	2 %	1 %

Nach eigenen Erhebungen (LK RHEINLAND, 2000; LK WESTFALEN-LIPPE, 2000) wird im nordrhein-westfälischen Zierpflanzenbau überwiegend Heizöl EL als Energieträger genutzt. Im Unterschied dazu wird im Unterglasgemüsebau vorzugsweise Erdgas (57,6 %) als Heizenergieträger verwendet, was u.a. auf eine weitgehend flächendeckende Erdgasversorgung im Hauptanbaugebiet um Straelen zurückzuführen ist (vgl. Abbildung 2-1).

Aufgrund der verschärften Umweltschutzauflagen wird mittlerweile fast vollständig auf den Einsatz von schwerem Heizöl verzichtet. Auch die Nutzung von Kohle ging aufgrund des Preisgefüges bis 1999 deutlich zurück, ist aber durch den Energiepreisanstieg für Heizöl und Erdgas seit Ende 1999 wieder interessant geworden. Zugenommen hat besonders durch die hohen Förderquoten der Einsatz von Biomasse, speziell Holz, zur Deckung des Heizenergiebedarfs im Gartenbau.

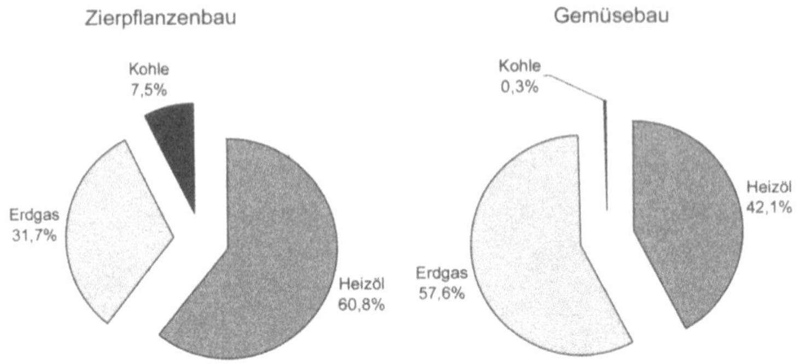

Abbildung 2-1: Verteilung der eingesetzten Brennstoffe im Gartenbau in NRW.

Heizmaterial-aufwand

In Abbildung 2-2 ist die Entwicklung des Heizölpreises (rechte Achse) und des Heizmaterialaufwandes (linke Achse) für 3 unterschiedliche Betriebsgruppen im Unterglasanbau dargestellt.

Während der ersten Energiepreiskrise (Phase I) stieg der Heizölpreis je Liter von 0,15 DM im Jahr 1972 auf 0,33 DM im Jahr 1976 an. Als Folge des Preisanstiegs Anfang der 70er Jahre erhöhte sich in den Unterglasbetrieben der Heizmaterialaufwand. Die Steigerungsraten verdeutlichen, dass während dieser Phase der mengenmäßige Energieeinsatz nicht reduziert worden ist, so dass der gestiegene Preis auf den Heizmaterialaufwand durchschlug (Phase I).

In Phase II verdoppelte sich der Heizölpreis nochmals und erreichte 1981 ca. 0,70 DM je Liter. Allerdings wirkte sich dieser drastische Anstieg weniger stark auf den Heizmaterialaufwand aus. Zwar stieg der Heizmaterialaufwand auf durchschnittlich knapp 20,-DM/m^2 im Zierpflanzenbau an, durch Energieeinsparungen in den Betrieben konnte aber ein wesentlicher Teil des Anstiegs aufgefangen werden.

Nach der 2. Ölpreiskrise (Phase III) zeigt sich wieder eine enge Beziehung zwischen Heizölpreis und Heizmaterialaufwand. Sowohl Preissteigerungen wie beispielsweise 1990 und 1996 als auch Preisminderungen spiegeln sich voll in den Aufwendungen wider, was darauf hindeutet, dass die Betriebe nur wenig durch Mengeneinsparungen reagiert haben.

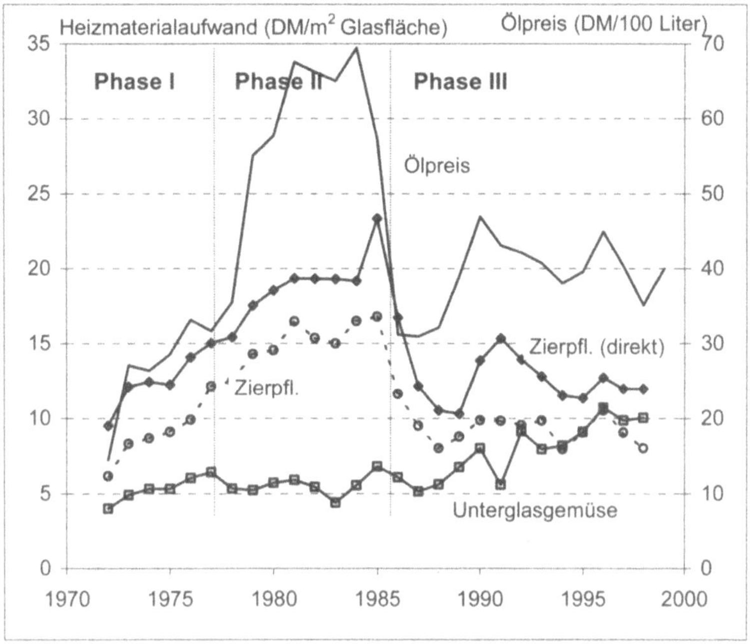

Abbildung 2-2: Entwicklung des Heizmaterialaufwandes im Unterglasanbau (ARBEITSKREIS BETRIEBSWIRTSCHAFT, 2000), (1DM = 0,5113 EURO).

Im Unterglasgemüsebau ist die Beziehung zwischen Heizölpreis und Heizmaterialaufwand dagegen weniger eng. Bis 1988 betrug der Aufwand für Heizmaterial im Durchschnitt ca. 5,-DM/m². Dieser Betrag hat sich aber bei stabilen bzw. leicht sinkenden Heizölpreisen bis 1997 verdoppelt und erreicht heute das Niveau des Zierpflanzenbaus. Dies ist u.a. auch darauf zurückzuführen, dass der ganzjährige Gurken- und Tomatenanbau unter Glas angestiegen ist.

Anhand der Kennzahl '*Heizmaterialaufwand in % des Betriebsertrages*' wird die wirtschaftliche Bedeutung dieser Aufwandsposition deutlich (siehe Abb. 2-3). Der Heizmaterialaufwand hat sogar während der 2. Ölpreiskrise für die Zierpflanzen- und Gemüsebetriebe abnehmende Bedeutung. Dies ist vor allem auf Produktivitätssteigerungen (höherer Betriebsertrag je Flächeneinheit) zurückzuführen. Zudem hat die wirtschaftliche Bedeutung des Heizmaterialaufwandes auch durch die günstigen Energiepreise in den 90er Jahren weiter abgenommen, so dass Kostensteigerungen in anderen Bereichen, wie beispielsweise Löhne, zum Teil wieder ausgeglichen werden konnten.

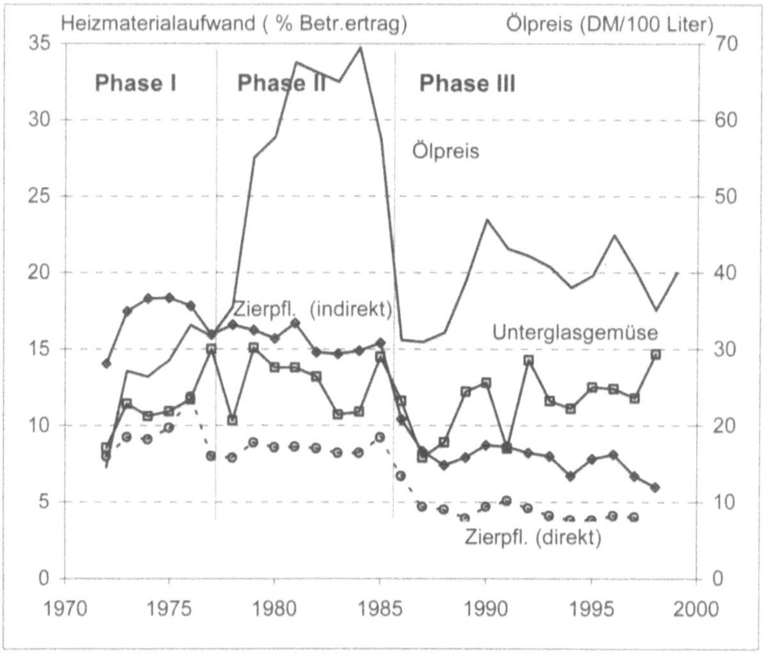

Abbildung 2-3: Entwicklung des Heizmaterialaufwandes in % vom Betriebsertrag (ARBEITSKREIS BETRIEBSWIRTSCHAFT, 2000), (1DM = 0,5113 EURO).

2.3 Betriebliche Kennzahlen

Zur Bewertung der Energieeffizienz von Betrieben werden häufig betriebliche Energiekennzahlen herangezogen und miteinander verglichen. Die Bildung der Kennzahlen erfolgt zumeist aus den gesamtbetrieblichen Energie-, Produktions- oder Umsatzdaten und dient den Betrieben insbesondere zur kontinuierlichen Beobachtung und Kontrolle der Energiekosten.

Analyse der Energiedaten aus landesweiter Umfrage

Die Ermittlung der betrieblichen Kennzahlen basiert hier auf Durchschnittswerten für verschiedene Sparten des Produktionsgartenbaus, die im Rahmen einer landesweiten Unternehmensbefragung ermittelt wurden. Es wurden 3.500 Fragebögen in Nordrhein-Westfalen versandt, wovon 263 Fragebögen über die verschiedenen Sparten ausgewertet werden konnten. Die so ermittelten Verbrauchszahlen beziehen sich auf das Jahr 1999.

Da die Ergebnisse der Befragung statistisch nicht als repräsentativ angesehen werden können - in einzelnen Sparten, besonders bei den Baumschulen, konnten nur wenige Fragebögen ausgewertet werden - werden zur Beurteilung der Aussagekraft der Ergebnisse zusätzlich die Durchschnittswerte zum Heizenergieaufwand des ARBEITSKREISES BETRIEBSWIRTSCHAFT (2000) herangezogen. Diese Angaben liegen bundesweit vor.

Für die Sparten des Freilandanbaus werden zum Vergleich mit den Umfrageergebnissen die Daten der Landwirtschaftskammern Rheinland und Westfalen-Lippe aus den Anträgen zur Gasölverbilligung für das Jahr 1999 herangezogen. Diese Angaben liegen nicht spartenspezifisch vor, sie beziehen sich auf den Gesamttreibstoffverbrauch für die Produktion in Gartenbaubetrieben in Nordrhein-Westfalen.

Energieverbrauch in Gartenbaubetrieben

Die Verteilung des Gesamtenergieverbrauchs der nordrhein-westfälischen Betriebe ist in Abbildung 2-4 dargestellt. Hiernach macht auch heute noch der Heizenergieverbrauch für den Unterglasanbau über 90 % des Gesamtenergieverbrauchs aus (vgl. LABOWSKY, 1996). Im Unterglasgemüsebau ist der Anteil für Transportenergie mit 6 % gegenüber dem Zierpflanzenbau mit 2,7 % etwas höher, der Anteil am Stromverbrauch ist mit 3,6 % im Unterglasgemüsebau bzw. 4,5 % im Zierpflanzenbau etwa gleich. In den Sparten des Gemüse- und Obstbaus sowie der Baumschulen überwiegt dagegen der Verbrauch an Treibstoffen mit über 50 % vom Gesamtverbrauch. Eine Erklärung für den im Vergleich zu den Sparten des Obstbaus und der Baumschulen höheren Stromanteil im Freilandgemüsebau kann hier der Stromverbrauch für die Kühlung und Aufbereitungs- und Verpackungsanlagen sein.

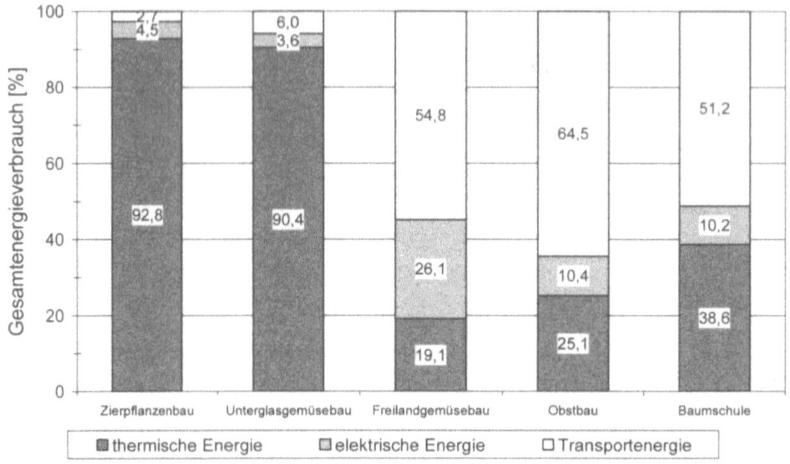

Abbildung 2-4: Anteiliger Energieverbrauch für Heizenergie, Strom und Treibstoffe am Gesamtenergieverbrauch in den Sparten des Produktionsgartenbaus in NRW.

Bezogen auf den Einzelbetrieb ergeben sich aus der Befragung für die unterschiedlichen Sparten die in Tabelle 2-3 dargestellten durchschnittlichen Jahresverbräuche (Angaben bezogen auf 1999). Danach lag der jährliche Heizenergieverbrauch im Zierpflanzenbau bei 279 kWh/m^2 und im Unterglasgemüsebau etwas niedriger bei 263 kWh/m^2 heizbarer Glasfläche. Die Einzelauswertung zeigt, dass die betriebsspezifischen Angaben der Zierpflanzen- und Unterglasgemüsebaubetriebe zum Heizenergieverbrauch zwischen 20 und 580 kWh/m^2 variieren.

Die Angaben zum jährlichen Stromverbrauch für die Sparten des Zierpflanzen- und Unterglasgemüsebaus beziehen sich auf die heizbare Glasfläche, obwohl ein Teil des Stromverbrauchs, beispielsweise für die Kühlung, nicht direkt der Fläche zurechenbar ist. Der spezifische Stromverbrauch im Gemüsebau unter Glas ist mit 28 kWh/m^2 doppelt so hoch wie im Zierpflanzenbau. Dies kann dadurch erklärt werden, dass über 70 % der ausgewerteten Unterglasgemüsebaubetriebe Kühllager nutzen, wohingegen im Zierpflanzenbau nur in wenigen Betrieben Kühlräume vorhanden sind. Zum anderen erfolgt in den Gemüsebaubetrieben eine intensivere Aufbereitung der Ernteprodukte, wodurch ein zusätzlicher Strombedarf entsteht.

Tabelle 2-4: Durchschnittlicher Jahresverbrauch verschiedener Energiearten im Gartenbau (Angaben bezogen auf 1999).

Sparte	**Heiz-energie** (kWh/m²)	**Strom** (kWh/m²GF)	**Treibstoff** (l/ha)
Zierpflanzenbau	279	14	-
Gemüsebau (unter Glas)	263	28	-
Gemüsebau (Freiland)	-	-	634**
Obstbau	-	-	299
Baumschule	-	-	1.449**
Freilandanbau gesamt***	-	-	356

** inklusive Transport

*** aus Anträgen zur Gasölverbilligung 1999

Der Treibstoffverbrauch je ha Freilandfläche ist in den einzelnen Produktionssparten sehr unterschiedlich. In den Sparten des Obst- und Gemüsebaus und den Baumschulen macht der Treibstoffverbrauch mit über 50 % den höchsten Anteil des Gesamtenergieverbrauchs aus (vgl. Abb.2-4). Dieser liegt im jährlichen Durchschnitt im Obstbau bei 299 l/ha, im Freilandgemüsebau bei 630 l/ha und in Baumschulbetrieben bei 1.400 l/ha. Hierbei ist davon auszugehen, dass die Angaben aus der Gruppe der Baumschulen und des Gemüsebaus zum Teil auch Verbräuche für Auslieferfahrten enthalten. Nach Auswertung der nordrhein-westfälischen Anträge zur Gasölverbilligung von 1999 liegt der jährliche Treibstoffverbrauch für alle Freilandbetriebe im Durchschnitt bei 356 l/ha (siehe Tab. 2-4).

Energiekosten Nach Angaben des ARBEITSKREISES FÜR BETRIEBSWIRTSCHAFT (2000) betragen im Bilanzjahr 98/99 die Aufwendungen für Heizmaterial bundesweit in Zierpflanzenbaubetrieben 8,25 DM/m² heizbare Fläche bzw. in Gemüsebaubetrieben 9,08 DM/m². Umgerechnet auf den Energiepreis von 1998/99 für Heizöl EL von ca. 0,38 DM/l ergibt sich ein durchschnittlicher jährlicher Verbrauch für Heizenergie von 218 kWh/m^2 in Zierpflanzenbaubetrieben bzw. 240 kWh/m^2 im Unterglasgemüsebau. Allerdings unterscheiden sich die Aufwendungen für Heizmaterial in Topfpflanzenbetrieben je nach Produktionsschwerpunkt gravierend. Während der Heizmaterialaufwand für Beet- und Balkonpflanzen 7,58 DM/m^2, für blühende Topfpflanzen 9,86 DM/m^2 und für Eriken/Azaleen 5,16 DM/m^2 beträgt, liegt der jährliche Aufwand in Schnittblumenbetrieben bei 10,12 DM/m^2 (siehe Abb. 2-5). Werden diese Angaben auf einen Heizölpreis von 0,38 DM/l umgerechnet (entsprechend des zugrundeliegenden Jahres), dann ergibt sich hieraus ein Gesamtheizenergieverbrauch von 200 kWh/m^2 Glasfläche für Beet- und Balkonpflanzenbetriebe, 265 kWh/m^2 für Topfpflanzen-, 140 kWh/m^2 für Eriken/Azaleen- und 300 kWh/m^2 für Schnittblumenbetriebe.

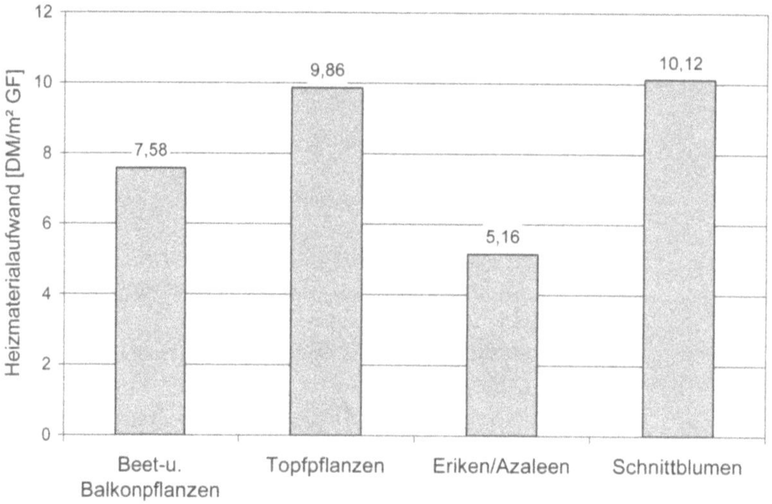

Abbildung 2-5: Heizmaterialaufwand im Zierpflanzenbau (nach ARBEITSKREIS BETRIEBS-WIRTSCHAFT, 2000), (1DM = 0,5113 EURO).

Der Vergleich dieser globalen Kennzahlen mit denjenigen anderer Betriebe erlauben allerdings keinen direkten Aufschluss über die Produktions- oder Betriebsstrukturen. Da keine Angaben z.B. zur Kulturführung und Anbauprogramm erhoben wurden, ist aus den Ergebnissen eine generelle Beurteilung der Energieeffizienz für den Einzelbetrieb nicht möglich. Hierfür ist in jedem Fall eine Einzelanalyse zwingend erforderlich.

2.4 Sonstige Rahmenbedingungen

Um einen Überblick über die Branche des Gartenbaus zu erhalten, müssen neben Angaben zum Energieeinsatz und zu Energiekosten zusätzliche Informationen wie Altersstruktur und Ausstattung der vorhandenen Unterglasflächen sowie aktueller Stand der eingesetzten Technik bekannt sein. Beispielsweise kann durch die Verwendung energiesparender Gewächshauskonstruktionen grundsätzlich ein geringerer Heizenergieverbrauch angestrebt werden. Dieser kann u.a. dadurch niedrig gehalten werden, dass ein günstiges Hüllflächen/Grundflächenverhältnis erreicht wird, indem größere zusammenhängende Gewächshauseinheiten erstellt werden. Während bis Anfang der 80er Jahre in der Sparte des Zierpflanzenbaus überwiegend Gewächshäuser in deutscher Normbauweise als Breitschiffhaus entstanden, wurden seitdem zunehmend große Gewächshausanlagen in Venlo-Bauweise mit einem günstigeren Hüllflächen/Grundflächenverhältnis errichtet.

In Nordrhein-Westfalen sind die Unterglasflächen im Zierpflanzenbau zu etwa gleichen Teilen auf Venlo-Bauweise und deutscher Normbauweise verteilt. Im Unterglasgemüsebau finden sich dagegen zum überwiegenden Teil Gewächshäuser in kostengünstigerer Venlo-Bauweise (vgl. Abb. 2-6). Dies deutet darauf hin, dass im Zierpflanzenbau ein hoher Anteil Gewächshausflächen älter als 15 Jahre ist.

Eine weit verbreitete Maßnahme zur Energieeinsparung ist die Installation von Energieschirmen (MEYER, 1997). Nach den Umfrageergebnissen sind in 8 % der Zierpflanzenbaubetriebe in NRW Energieschirme vorhanden, wobei hier 69 % der Flächen ausgestattet sind. Im Gegensatz dazu sind im Unterglasgemüsebau nur in 21 % der Betriebe auf lediglich 7 % der Unterglasfläche Energieschirme eingebaut. Bei dem geringen Heizenergiebedarf vieler Gemüsebaukulturen unter Glas hat hier der Einsatz des Energieschirmes aufgrund der längeren Amortisationszeit als im Zierpflanzenbau nur eine geringe Verbreitung.

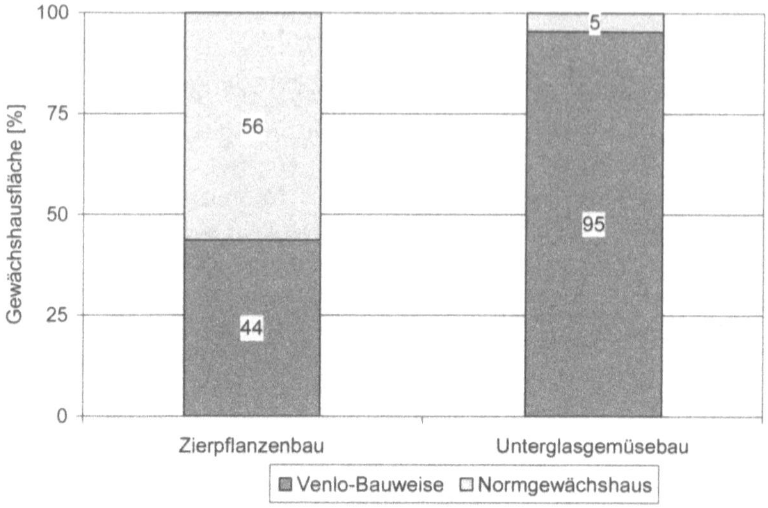

Abbildung 2-6: Bauweise von Gewächshäusern im nordrhein-westfälischen Gartenbau.

Nach Angaben des ZVG (2000) ließen sich im bundesdeutschen Gartenbau Einsparungen in Höhe von bis zu 16 % der eingesetzten Heizenergie (bezogen auf das Jahr 2000) in den nächsten 3 Jahren erzielen.

In NRW sind aufgrund der heterogenen Struktur der Branche die kurzfristig durch Investitionsmaßnahmen umzusetzenden Energieeinsparungen von Betrieb zu Betrieb sehr unterschiedlich. In kleinen und älteren Gewächshausanlagen können durch nachträgliche Isoliermaßnahmen Einsparungen im Bereich von ca. 15 – 20 % erzielt werden. Bei modernen Produktionsbetrieben liegen die Einsparpotenziale dagegen niedriger. Bei einer Reduzierung des Energieeinsatzes innerhalb der nächsten 5 Jahre von 12 - 15 % im Unterglasanbau, ergibt sich hieraus eine jährliche Gesamteinsparung von 516 GWh für NRW.

Unter Berücksichtigung der Verteilung der derzeitigen Heizenergieträger kann der Gartenbau in NRW damit zu einer Reduzierung der CO_2-Emissionen von rund 145.000 t jährlich beitragen. Die dafür erforderlichen Informationen und technischen

Möglichkeiten werden in den nachfolgenden Kapiteln des Leitfadens im einzelnen beschrieben.

2.5 Literatur zu Kapitel 2

ARBEITSKREIS BETRIEBSWIRTSCHAFT (2000): Kennzahlen für den Betriebsvergleich, Heft 43.

BUNDESMINISTERIUMS FÜR ERNÄHRUNG, LANDWIRTSCHAFT UND FORSTEN (HRSG.) (2000): Ertragslage Garten- und Weinbau.

HUSMANN, H.-J. (1999): Optimierung der Energieversorgung in Gewächshausproduktionssystemen mit dem integrierten Planungssystem HOTEV. Gartenbautechnische Informationen, Heft 48.

LABOWSKY, H.-J. (1996): Energie und Umwelt, Maßnahmen zur Verringerung der Umweltbelastungen bei der Gewächshausbeheizung. Deutscher Gartenbau, 35, S. 2025-2029.

LANDWIRTSCHAFTSKAMMER RHEINLAND (2000): Gartenbau im Rheinland, Bonn.

LANDWIRTSCHAFTSKAMMER WESTFALEN-LIPPE (2000): Freiwillige Betriebserhebung im Gartenbau. Informationen im Internet unter www.gartenbauzentrum.de

MEYER, J. (1997): Aufstieg von der Schattierung zum beweglichen Energieschirm. Taspo Gartenbaumagazin, Heft 10, 48-50.

STATISTISCHES BUNDESAMT (2000): Land- und Forstwirtschaft, Fischerei. Fachserie 3. Metzler-Poeschel, Stuttgart.

VON ZABELTITZ, C. (1991): Energiesituation für den Gartenbau. Gb+Gw, Heft 25, 1080-1085.

ZVG (ZENTRALVERBRAND GARTENBAU) (HRSG.) (1994): Gartenbau und Umwelt. Standortbestimmung und künftige Aufgaben. Bericht der ZVG-Konzeptgruppe 'Standortbestimmung Gartenbau und Umwelt', unveröffentlicht, Bonn.

ZVG (ZENTRALVERBRAND GARTENBAU) (HRSG.) (2000): Beitrag des Gartenbaus zur Minderung der CO_2-Emissionen. Mitteilungen des ZVG e.V., Nr. 46/2000.

3 Praxisbeispiele

Die hier dargestellten Ergebnisse zum Energieverbrauch wurden im Rahmen einzelbetrieblicher Energieanalysen für den vorliegenden Leitfaden in verschiedenen Gartenbaubetrieben ermittelt.

3.1 Auswahl und Abgrenzung der Unternehmen

Die Auswahl der Betriebe erfolgte aufgrund der Anbauschwerpunkte und der technischen Einrichtungen in den jeweiligen Betrieben, um ein möglichst breites Spektrum der im Gartenbau vorhandenen Betriebsstrukturen abzudecken. Besondere Aufmerksamkeit wurde hier auf den Unterglasanbau gelegt. Dafür wurden 5 Zierpflanzenbaubetriebe mit unterschiedlichen Hauptkulturen und 3 Gemüsebaubetriebe untersucht, wobei sowohl kleinere Produktionsbetriebe mit einer Gewächshausfläche unter 5.000 m^2 und gewachsenen Betriebsstrukturen als auch Betriebe mit modernen Gewächshausanlagen um 10.000 m^2 einbezogen wurden (siehe Tab. 3-1 und 3-2).

Die betrieblichen Rahmenbedingungen der untersuchten Unterglasbetriebe sind in Tabelle 3-1 und 3-2 zusammengestellt. Diese sind für die Übertragbarkeit der Ergebnisse auf andere Betriebe von entscheidender Bedeutung. Es wurden neben Heizenergie- und Stromverbräuchen auch die installierte elektrische Anschlussleistung einzelner Gewächshausabteilungen erfasst und ihrer Funktion entsprechend den Verbrauchsgruppen *Bewässerung/Düngung*, *Schattierung/Energieschirm*, *Heizung* und *Belichtung* sowie *sonstige Verbraucher* (hierzu zählen u.a. Topfmaschinen, Mobiltischsysteme, Bürokommunikation) zugeordnet.

Unterglasanbau

Tabelle 3-1: Betriebliche Rahmenbedingungen in den untersuchten Zierpflanzenbaubetrieben.

	Betrieb 1	Betrieb 2	Betrieb 3	Betrieb 4	Betrieb 5
Hauptkulturen	Topfpflanzen	Topfpflanzen	Eriken, Azaleen	Topfpflanzen	Schnittblumen
Grundfläche [m²]	24.375	9.500	9.500	3.824	10.500
Anzahl Abtlg.	24	9	7	12	12
GH-Typ	Breitschiff / Folien	Breitschiff	Venlo / Folien	Breitschiff / Venlo	Breitschiff / Venlo
Eindeckung					
Außenwände	Einfachglas u. Noppenfolie	Einfachglas u. Noppenfolie	Doppelglas, -folie	Einfach-, z.T. Doppelglas	Einfachglas u. Noppenfolie
Dachflächen	Einfachglas	Einfachglas, Agriplus	Einfachglas	Einfachglas	Einfachglas
Verschmutzung *	3 - 5	1 - 3	2 - 3	3	3 - 4
Energieschirm					
Material	einlagig, aluminisiert	einlagig, aluminisiert	einlagig, aluminisiert	einlagig, aluminisiert	z. T. einlagig
Assi.belichtung					
inst. Leistung [W/m²]	44,5	27	keine	keine	keine
Bewässerung					
System	Gießwagen	Ebbe-Flut	Gießwagen	Fließrinne, Tropfbew.	Düsenrohr, Tropfbew.
inst. Leistung [W/m²]	0,41	1,7	4,36	1,44	0,64
Lüftung u. Schattierung					
inst. Leistung [W/m²]	1,5	0,6	0,5	2,3	0,9
Heizung					
System	hohe Rohr-, Untertischheizung	hohe Rohr-, Untertischheizung	Hebe-Senkheizung	hohe Rohr-, Untertischheizung	Lufterhitzer, hohe Rohr- u. Vegetat.heiz.
inst. Leistung [W/m²]	1,33	1,45	2,57	2,09	2,39
Klimaregelung					
Reglerart	Klimacomp.	Klimacomp.	Klimacomputer	Klimacomp. u. Analogregler	Klimacomputer
Temp.-Strategie	Diff + Drop	konv., Entfeuchtung	konventionell	konventionell	konventionell
Temp.bereich [°C]	12 - 22	5 - 18	3 - 18	5 - 19	7 - 21
Heizzentrale					
Energieträger	Erdgas	Heizöl / Erdgas	Heizöl / Erdgas	Heizöl / Kohle	Gas / Heizöl
Abgaswärmetausch.	ja	ja	nein	nein	ja
sonst. Verbraucher					
inst. Leistung [W/m²]	1,62	1,21	0,48	1,10	0,25
Kühlraum [kW/m³]	0,22	-	-	-	0,04

* Verschmutzung: 1=keine.....6=sehr stark

Tabelle 3-2: Betriebliche Rahmenbedingungen in den untersuchten Unterglasgemüsebetrieben.

	Betrieb 6	Betrieb 7	Betrieb 8
Hauptkulturen	Kopfsalat, Gurken	Tomaten	Einlegegurken, Stielmus, Feldsalat
Betriebsfläche			
Grundfläche [m²]	7.500	17.900	4.100
Anzahl Abtg.	4	5	3
GH-Typ	Venlo	Venlo	Venlo
Eindeckung			
Außenwände	Einfachglas	Doppelgas	Einfachglas u. Noppenfolie
Dachflächen	Einfachglas	Einfachglas	Einfachglas
Verschmutzung *	1 - 3	1	2
Energieschirm			
	nein	nein	nein
Assi.belichtung			
	nein	nein	nein
Bewässerung			
System	Düsenrohr, Tropfbewässerung	Tropfbewässerung	Düsenrohr, Handbrause
inst. Leistung [W/m²]	1,40	0,39	0,13
Lüftung			
inst. Leistung [W/m²]	0,34	0,27	0,25
Heizung			
System	direktbefeuerte Lufterhitzer	niedrige Rohrheizung (Forcas)	direktbefeuerte Lufterhitzer
inst. Leistung [W/m²]	1,38	2,77	2,11
Klimaregelung			
Reglerart	Thermostat und Hand	Klimacomputer	Thermostat
Strategie	konventionell	Entfeuchtung	konventionell
Temp.bereich [°C]	8 - 18	5 - 19	2 - 16
Heizzentrale			
Energieträger	Flüssiggas	Heizöl / Erdgas	Flüssiggas
Regelung	-	Klimacomputer	-
Abgaswärmetausch.	-	ja	-
sonst. Verbraucher			
inst. Leistung [kW]	1,30	3,00	1,20

* Verschmutzung: 1=keine.....6=sehr stark

Die Charakterisierung des Heizenergieverbrauchs in den Betrieben erfolgte anhand der Heizkostenabrechnungen für das Jahr 1999. Die daraus abzulesenden Zahlen beschreiben den Gesamtheizenergieverbrauch des Betriebes; für eine genauere Beurteilung müssten neben den eigentlichen Verbrauchswerten auch die Klimaregeleinstellungen und der tatsächliche Klimaverlauf inner- und außerhalb der Gewächshausabteilungen ausgewertet werden.

Aus den Laufzeiten und den Anschlusswerten der elektrischen Verbraucher ergibt sich der jährliche Stromverbrauch. Dieser wurde auf Grundlage der Stromkostenabrechnung für das Jahr 1999 in den einzelnen Betrieben ermittelt. Da die Laufzeiten in großem Maße von betriebsspezifischen Gegebenheiten und betriebseigenen Einsatzkonzepten abhängen, ist die Abschätzung von Einsparpotenzialen bei der Stromversorgung schwierig.

Produktion im Freiland

Die Auswahl der Freilandbetriebe erfolgte spartenübergreifend, da die für die Pflanzenproduktion durchzuführenden Bodenbearbeitungsmaßnahmen wie Pflanz- und Saatbettvorbereitung sowie Einsaat oder Pflanzung, Pflegearbeiten wie Düngung und Pflanzenschutz und Erntearbeiten größtenteils identisch sind. Charakteristische Unterschiede können sich allerdings hinsichtlich der Bearbeitungsintensität ergeben, da beispielsweise im Gemüsebau aufgrund der engen zeitlichen Fruchtfolgen eine wesentlich intensivere Bodenbearbeitung durchgeführt wird. Für die Auswertung werden ausschließlich Energieverbräuche herangezogen, die direkt der Produktion zuzuordnen sind. Tabelle 3-3 fasst die Randbedingungen der Freilandbetriebe zusammen.

Tabelle 3-3: Betriebliche Rahmenbedingungen der untersuchten Freilandbetriebe.

	Betrieb 9	Betrieb 10	Betrieb 11	Betrieb 12
Hauptkulturen	Salate, BluKo, Kohl/Sellerie	Salate, BluKo, Kohlrabi, Kohl/Sellerie	Salate, Kohlrabi, Kohl/Sellerie	Salate, Kohlrabi, Kohl/Sellerie
Anbaufläche [ha]	75	62	57	70
Schlepper				
Anzahl	5	8	8	8
Betriebsstunden [h/a]	4.400	4.700	4.450	5.900
...davon Transport [h/a]	600	487	550	900
...davon Kultur [h/a]	3.800	4.213	3.900	5.000
Bodenbearbeitung				
Anzahl Arbeitsgänge/Satz	11	9,3	8,6	11,3

3.2 Unterglasanbau

Wie bereits in Kapitel 2 dargestellt, kann der Hauptteil am Energieverbrauch der Heizenergie zugeordnet werden.

Heizenergieverbrauch

In den untersuchen Unterglasbetrieben differiert der Heizenergieverbrauch für das Jahr 1999 zwischen 14 kWh/m² in Betrieb 8) und 462 kWh/m² in Betrieb 5 (siehe Abb. 3-1).

Je nach Temperaturanspruch der angebauten Kultur ergeben sich charakteristische Unterschiede zwischen den untersuchten Betrieben. Während in Betrieb 1, Betrieb 2 und Betrieb 4 überwiegend Topfpflanzen produziert wurden, kultivierte Betrieb 3 auf Teilflächen Eriken und Azaleen mit niedrigeren Temperaturansprüchen (vgl. Tab. 3-1). Die Betriebe sind hinsichtlich Alter, Größe und Ausstattung ihrer Gewächshausabteilungen teilweise sehr unterschiedlich, doch hier sind wesentliche energiesparende Maßnahmen, wie die zusätzliche Isolierung der Außenhülle mit Noppenfolie oder Doppelglas im Stehwandbereich und der Einbau von Energieschirmen eingeführt.

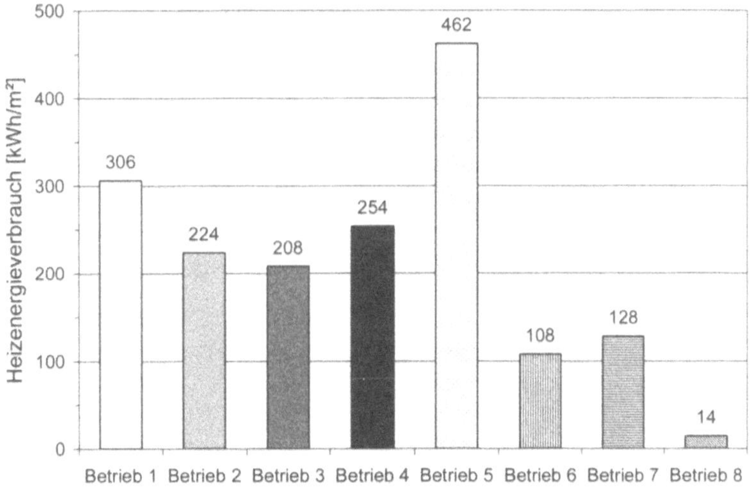

Abbildung 3-1: Durchschnittlicher Heizenergieverbrauch für das Jahr 1999 in den untersuchten Praxisbetrieben.

Den mit Abstand höchsten durchschnittlichen Heizenergieverbrauch mit 462 kWh/m² hatte Betrieb 5. Hier wurden überwiegend Schnittrosen und Gerbera bei einer Durchschnittstemperatur von ca. 17 °C kultiviert. Neben den teilweise deutlich höheren Temperaturansprüchen der angebauten Kulturen sind in diesem Betrieb erhebliche Schwachstellen an der Außenhülle und am Energieschirm gefunden worden. In 4 Gewächshausabteilungen wurden unzureichend abgedichtete Scheibenauflagen und große Mängel beim Energieschirm entdeckt. Zum einen war das Energieschirmmaterial an den Auflageflächen der Zugbänder stark beschädigt und zum anderen war die Dichtigkeit des Energieschirms aufgrund der fehlenden Abdichtung an den Seitenwänden nicht mehr gegeben.

Im Vergleich zu den Betrieben des Zierpflanzenbaus (Betriebe 1 bis 5) verbrauchten die Gemüsebaubetriebe deutlich weniger Heizenergie. In Betrieb 8 wurden die Gewächshäuser in den Wintermonaten lediglich frostfrei gehalten, z.T. auch stillgelegt, so dass hier im Jahresdurchschnitt nur ein Heizenergieverbrauch von 14 kWh/m^2 zu verzeichnen war. Die gesamte technische Ausstattung der Gewächshäuser, wie beispielsweise das Bewässerungssystem und die Klimatisierung, ermöglichen nur eine extensive Nutzung der Flächen.

In den Betrieben 6 und 7 mit 108 bzw. 128 kWh/m^2 Heizenergieverbrauch wurden die Gewächshäuser in den Monaten Dezember bis Februar ebenfalls kühl gehalten. Betrieb 6 nutzte die Unterglasflächen zur Kulturverfrühung von Salat und anschließend zum Anbau von Gurken. Betrieb 7 baute auf den Flächen ganzjährig Tomaten an, wobei in den Wintermonaten die alten Pflanzenbestände abgeräumt, die Flächen gereinigt und für die neue Kultur vorbereitet wurden.

Schwachstellen

In den untersuchten Betrieben wurden im wesentlichen die nachfolgend aufgeführten Schwachstellen aufgedeckt.

- Zur Verminderung des Wärmeübergangs wurden in einigen Betrieben Energieschirme eingebaut und/oder zusätzliche Isolierungsmaßnahmen an der Außenhülle vorgenommen. Allerdings zeigten sich in 2 Betrieben erhebliche Schwachstellen beim Energieschirmmaterial durch Materialverschleiß und undichte Installation. Wie Wärmeverluste an der Gewächshaushülle vermindert und durch den dichten Einbau von Energieschirmen erheblich reduziert werden können, wird ausführlich in Kapitel 5.1.2.1 und 5.1.2.2 behandelt.
- Besonders in alten Gewächshausanlagen konnten schadhafte Verkittungen der Scheiben und Undichtigkeiten an Türen und Lüftungsklappen aufgezeigt werden. Hierzu werden ent-

sprechende Einsparungsmaßnahmen in Kapitel 5.1.2.3 beschrieben.

- Ein weiterer Schwachpunkt war in 3 Betrieben die Bewässerungsanlage. Zwar wurden in den Betrieben überwiegend geschlossene Systeme oder Tropfbewässerung eingesetzt, doch waren einige Systeme sehr undicht, so dass z. T. erhebliche Wassermengen verdunsten. Als negativer Effekt erhöht sich dadurch nicht nur die relative Luftfeuchtigkeit im Gewächshaus sondern auch der Wärmeverlust. Auf Anforderungen und Einsparpotenziale energiesparender Bewässerungssysteme wird in Kapitel 5.1.2.9 eingegangen.
- Mit zwei Ausnahmen wird in den Betrieben eine konventionelle Temperaturführung mit Nachtabsenkung eingesetzt. Andere Regelstrategien, die evtl. einen positiven Effekt auf den Heizenergieverbrauch oder andere pflanzenphysiologische Reaktionen haben können, wurden nicht verwendet. Welche Einsparpotenziale mit Hilfe einer optimierten Regelung zu erzielen sind, wird in Kapitel 5.1.2.7 und 5.1.2.8 sowie in Kapitel 5.1.4 dargestellt.

Den untersuchten Betrieben wurden entsprechend den vorgefundenen Schwachstellen detaillierte Optimierungsvorschläge unterbreitet. Die einzelnen Maßnahmen und Handlungsbereiche wiederholen sich z.T. in den Betrieben. Auf die Beschreibung der einzelbetrieblichen Vorschläge wird deshalb hier verzichtet. Die in Frage kommenden Möglichkeiten zur Reduzierung des Energieeinsatzes werden ausführlich in Kapitel 5.1.2 beschrieben. Informationen zu Temperaturregelstrategien beinhaltet außerdem auch Kapitel 5.1.4.

Stromverbrauch

Der Stromverbrauch im Unterglasanbau setzt sich i.d.R. aus der Antriebsenergie für Brenner, Pumpen und Lüftungsmotoren zusammen. Hinzu kommt der Verbrauch aufgrund des Einsatzes von Assimilationsbelichtungsanlagen und Kühl- oder Gefrieranlagen. In den untersuchten Unterglasbetrieben wurden für das Jahr 1999 die in Abbildung 3-2 dargestellten Stromverbräuche ermittelt.

In Betrieb 1 war der Stromverbrauch im Jahr 1999 mit 668.375 kWh aufgrund der Assimilationsbelichtung im Vergleich zu den anderen Betrieben deutlich höher. Die Belichtung ist mit einer elektrischen Leistung von 44,5 W/m^2 installiert. Es wurde nach Bedarf und nicht immer die gesamte Fläche belichtet. Außerdem wurden die Betriebszeiten der Belichtung nicht separat erfasst, so dass eine Quantifizierung des Stromverbrauchs für die assimilatorische Belichtung hier nicht möglich war.

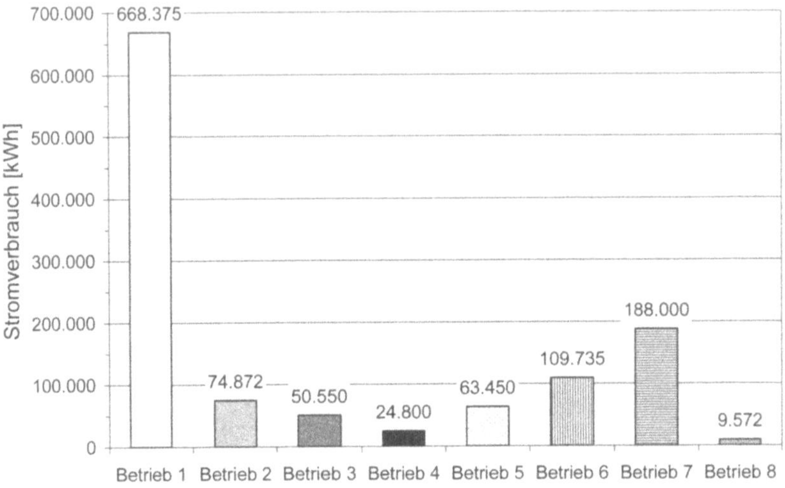

Abbildung 3-2: Jährlicher Stromverbrauch für das Jahr 1999 in den untersuchten Praxisbetrieben mit Unterglasproduktion.

Die installierte elektrische Leistung für die untersuchten Verbrauchsgruppen *Bewässerung und Düngung*, *Schattierung und Energieschirm*, *Heizung* und *Belichtung* sowie *sonstige Verbraucher* ist in den einzelnen Betrieben von verschiedenen Faktoren abhängig. In Betrieb 4 mit vergleichsweise vielen kleinen Abteilungen und separaten Lüftungen ist die installierte elektrische Leistung für Lüftung und Schattierung zwangsläufig höher als in Betrieben mit wenig großen Abteilungen (Regeleinheiten) wie z.B. in Betrieb 3 (vgl. Tab 3-2). Auch für den Bereich *Bewässerung/Düngung* ist die installierte Leistung maßgeblich vom Bewässerungssystem und der Anzahl von Bewässerungseinheiten abhängig. So ist nach Untersuchungen von GUDEHUS UND WILMS (2000) für ein Ebbe-Flut- oder Fließbewässerungssystem eine installierte Leistung von 1,18 W/m^2 anzusetzen, wohingegen für eine Tropfbewässerung 0,5 W/m^2 erforderlich sind.

Insgesamt kann festgehalten werden, dass der Stromverbrauch der untersuchten Unterglasbetriebe ohne Assimilationsbelichtung einen Anteil von weniger als 3 % am Gesamtenergieverbrauch ausmacht. Einsparungsmöglichkeiten ergeben sich im Bereich der Anlagenplanung (vgl. Kapitel 5) und im Lastmanagement (vgl. Kap. 6).

3.3 Freilandanbau

Der Energiebedarf bei der Pflanzenproduktion im Freiland setzt sich im wesentlichen aus der Antriebsenergie für Feld- und Transportarbeiten und für Bewässerungspumpen zusammen. Hinzu kommt u.U. der Strombedarf für Kühl- und Gefrieranlagen und für Maschinen zur Weiterverarbeitung der Ernteprodukte.

Verbrauch von Treibstoffen

Der spezifische Treibstoffverbrauch für Bodenbearbeitungs- und Erntearbeiten der untersuchten Freilandbetriebe ist in Abbildung 3-3 dargestellt.

Hiernach variiert der Treibstoffverbrauch in den untersuchten Betrieben zwischen 379 und 303 l/ha. Im Mittel wurden 8,6 bis 11 Arbeitsgänge je Satz durchgeführt, wobei in Betrieben mit weniger Arbeitsgängen je Satz auch der Energieaufwand etwas geringer ausfiel.

Zum Durchschnittsverbrauch von 356 l/ha aus den Anträgen zur Gasölverbilligung (vgl. Tab. 2-4) treten in den untersuchten Einzelfällen nur geringfügige Abweichungen auf.

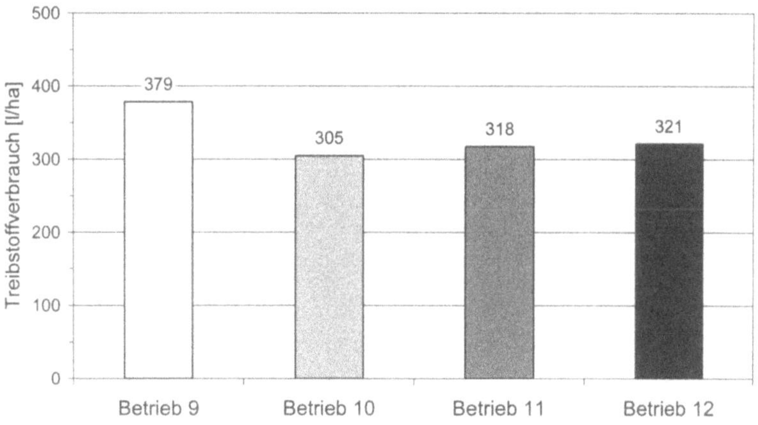

Abbildung 3-3: Treibstoffverbrauch für das Jahr 1999 in den untersuchten Freilandbetrieben.

Schwachstellen

Erhebliche Einsparungsmöglichkeiten wären nach Auskunft der Betriebsleiter bei der Planung und Logistik der Transportfahrten zu den Gemüsevermarktungsorganisationen zu erzielen. Doch ist hier derzeit durch die enge zeitliche Vorgabe der Marktanlieferung bzw. Vermarktung eine Einsparung nicht zu realisieren.

Die Möglichkeiten der Treibstoffeinsparungen beim Schleppereinsatz, die durch richtige Abstimmung von Schlepper und Gerät sowie Fahrweise und Bereifung erzielt werden können, werden in Kapitel 5.2.1diskutiert.

3.4 Literatur zu Kapitel 3

GUDEHUS, H.-C.; WILMS, D. (2000): Leistungsmessung in Gartenbaubetrieben und energiewirtschaftliche Analyse. Abschlussbericht des FuE-Vorhabens der Arbeitsgemeinschaft für Elektrizitätsanwendungen in der Landwirtschaft e.V. (AEL), FH Osnabrück, unveröffentlicht.

4 Modellbetriebe

Wie die Ergebnisse der einzelbetrieblichen Energieanalysen zeigen, ist es aufgrund der unterschiedlichen Betriebsstrukturen nicht möglich, Energiekennzahlen zu ermitteln, die einzelnen Kulturen oder Abteilungen zuzuordnen sind. Dies unterstreicht die Notwendigkeit, für jeden Einzelfall alle betrieblichen, klimatischen und sonstigen Einflussgrößen in ihren Wirkungen zu kalkulieren und möglichst genau abzuschätzen.

Voraussetzung für den rationellen Energieeinsatz im Gartenbau ist u.a., dass der Energieverbrauch im Betrieb bekannt ist. Darüber hinaus müssen Vergleichszahlen bekannt sein, die eine Einordnung des eigenen Betriebes hinsichtlich des Strom- und Heizenergieverbrauchs ermöglichen.

Durchschnittswerte zum Heizenergie- und Stromeinsatz aus bundes- oder landesweiten Statistiken sind hierfür wenig geeignet, da wichtige, den Energieverbrauch beeinflussende Informationen zu Betriebsstrukturen nicht enthalten sind. Eine geeignete Methode zur Ermittlung von Kennzahlen führt über die Definition von Modellbetrieben. Für den Unterglasanbau wurden im Rahmen dieses Projektes Modellbetriebe festgelegt, die hinsichtlich ihres Temperaturprogramms, ihrer Betriebsgröße und technischen Ausstattung in vielen Unterglasbetrieben zu finden sind. Sie bieten damit dem Einzelbetrieb die Möglichkeit, sich anhand der vorgegebenen Strukturmerkmale einem Modellbetrieb zuzuordnen und den Gesamtenergiebedarf einzuordnen.

Zur einfachen Identifizierung orientiert sich die Benennung der Modellbetriebe an folgenden Hauptkulturen:

- Warmhauskulturen
- Beet- und Balkonpflanzen
- Rosen
- Eriken/Callunen
- Tomaten
- Kalthauskulturen

Ein vereinfachtes Verfahren, den Heizenergieverbrauch für Gartenbaubetriebe zu berechnen, bietet das Planungsprogramm HORTEX (RATH, 1992). Abgestimmt auf die besonderen betrieblichen Gegebenheiten und unter Berücksichtigung eines vorgegebenen Klimaverlaufs sowie der Klimaeinstellungen wird der Heizenergiebedarf der Modellbetriebe simuliert.

Unter Einbeziehung von Angaben der AEL (2002) zu Anschlusswerten und Laufzeiten verschiedener elektrischer Verbraucher im Gartenbau werden nachfolgend entsprechende Informationen unter Beachtung der betrieblichen Strukturen für die Modellbetriebe zusammengestellt.

4.1 Randbedingungen

Die wichtigsten Betriebsdaten der Modellbetriebe sind in Tabelle 4-1 zusammengefasst. Die Angaben zu Größe, Bauweise und Ausstattung der Betriebe basieren auf den Ergebnissen der landesweiten Umfrage in Gartenbaubetrieben (vgl. Kapitel 2). Die klimatischen Bedingungen beziehen sich auf den Standort Münster unter Berücksichtigung eines durchschnittlichen Winters. Die genauen Angaben zu Innentemperaturen in den Modellbetrieben mit Beet- und Balkonpflanzen- sowie Gemüseanbau finden sich im Anhang.

Tabelle 4-1: Betriebsdaten und Randbedingungen der Modellbetriebe.

	Warmhaus	Beet- u. Balkon	Rosen	Eriken / Callunen	Tomaten	Kalthaus
Hauptkulturen	Begonien Poinsettien	Primeln, Fuchsien, Impatiens	Schnitt-rosen	Eriken, Callunen	Tomaten	Salat, Radies
Betriebsgrundriss						
Grundfläche [m²]	10.000	5.000	10.000	5.000*	10.000	10.000
Anzahl Abtlg.	10	5	5	5	5	5
GH-Typ	Venlo	Venlo	Venlo	Venlo	Venlo	Venlo
Stehwandhöhe [m]	4,0	3,0	4,0	3,0	4,0	4,0
Kappenbreite [m]	3,2	3,2	3,2	3,2	3,2	3,2
Giebellänge [m]	19,2	19,2	19,2	19,2	19,2	19,2
Eindeckung						
Außenwände	Isoglas	einfach	doppelt	einfach	Isoglas	einfach
Dachflächen	einfach	einfach	einfach	einfach	einfach	einfach
Energieschirm						
Material	einlagig	einlagig	einlagig	einlagig	ohne	ohne
Abdichtungsgüte	mittel	mittel	mittel	mittel		
Belichtung	ohne	ohne		ohne	ohne	ohne
Lampenart			SON-T			
inst.Leistg.[W/m²]			70			
Strategie			8 h/d			
Heizungssystem	gemischt	gemischt	gemischt	gemischt	gemischt	Lufter-hitzer
Energieträger	Heizöl EL	Heizöl EL	Erdgas	Heizöl EL	Heizöl EL	Erdgas
inst. Leistung [kW_{el}]						
Heizungsaggregate	19	9	13	10		
Bewässerung	10	15	10	44		
Schatt./Lüftung	5	4	8	5		
Sonstige	13	7	22	6		
Klimaregelung						
HT T/N (°C)	18/16	siehe Anhang	18/16	5	siehe Anhang	siehe Anhang
LT (°C)	20		20	7		

Das Temperaturprogramm der Modellbetriebe wurde anhand des Anbauprogramms festgelegt. Das jeweilige Anbauprogramm wurde mit Betriebsleitern und Fachberatern aus den Sparten abgestimmt.

4.2 Heizenergiebedarf

Der jährliche Heizenergiebedarf der Modellbetriebe liegt je nach Anbauprogramm zwischen 48 und 528 kW/m^2 (vgl. Abb. 4-1). Unter den dargestellten Bedingungen haben Betriebe mit der Produktion von Warmhauskulturen, Schnittrosen und Tomaten den höchsten jährlichen Heizenergiebedarf je Flächeneinheit. Im Rosenbetrieb wird ein Anteil von 130 kWh/m^2 des jährlichen Heizenergiebedarfs durch die Assimilationsbelichtung eingebracht, so dass der Gesamtbedarf für Heizenergie 470 kWh/m^2 beträgt. Der jährliche Heizenergiebedarf ist im Modellbetrieb Tomate mit 523 kWh/m^2 am höchsten, gefolgt vom Rosenbetrieb mit 470 kWh/m^2 und dem Warmhausbetrieb mit 473 kWh/m^2. Für die Modellbetriebe mit deutlich kühlerer Kulturweise wie Beet- und Balkonpflanzen, Eriken/Callunen und Kalthauskulturen ergibt sich entsprechend ein jährlicher Heizenergiebedarf von 130 kWh/m^2, 73 kWh/m^2 und 48 kWh/m^2.

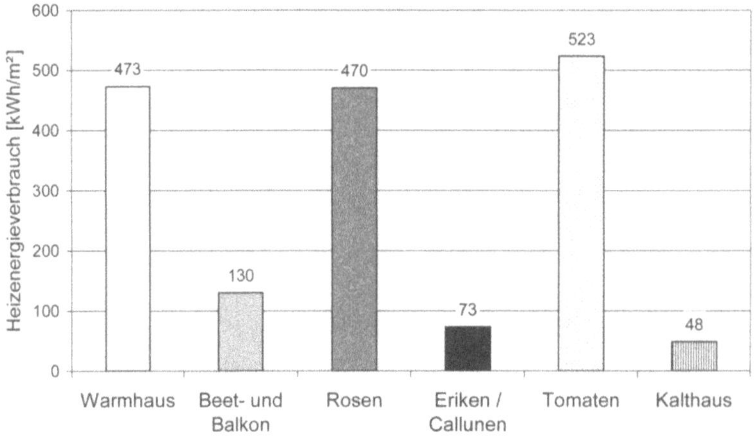

Abbildung 4-1: Durchschnittlicher jährlicher Heizenergieverbrauch in den Modellbetrieben.

Ein Vergleich des für die Modellbetriebe errechneten jährlichen Heizenergiebedarfs mit den in Praxisbetrieben erfassten Verbrauchswerten zeigt, dass zu den Modellbetrieben Warmhaus und Beet- und Balkon in den untersuchten Gartenbaubetrieben 1, 2 und 4 keine großen Unterschiede auftraten (vgl. Abb. 3-1).

In den 3 Betrieben wurden Elemente des Kulturprogramms aus den Modellbetrieben Warmhaus und Beet- und Balkon angebaut, so dass auch der durchschnittliche Jahresheizenergieverbrauch mit dem für die Modellbetriebe ermittelten Bedarf übereinstimmt.

Hinsichtlich des Kulturprogramms können ebenfalls der Praxisbetrieb Schnittblumen und der Modellbetrieb Rosen verglichen werden. Der Betrieb Schnittblumen hatte 1999 einen durchschnittlichen Heizenergieverbrauch von 462 kWh/m^2, für den Modellbetrieb Rosen wird ein Jahresheizenergiebedarf von 470 kWh/m^2 inklusive Assimilationsbelichtung errechnet.

Heizenergiebedarf der einzelnen Modellbetriebe

Für den Modellbetrieb Tomate wird allerdings ein Jahresheizenergieverbrauch von 523 kWh/m^2 ermittelt, der untersuchte Tomatenbetrieb hatte demgegenüber einen durchschnittlichen Heizenergieverbrauch von 128 kWh/m^2 (bezogen auf das Jahr 1999). Neben witterungsbedingten jährlichen Schwankungen im Heizenergieverbrauch (im Vergleich zum mittleren Winter für die Modellbetriebe) war auch die Kulturführung im Praxisbetrieb abweichend von der im Modellbetrieb unterstellten Standardkulturführung. So wurde im Praxisbetrieb nicht nur im Dezember die Räumung und Neupflanzung der Tomarenbestände durchgeführt, sondern während der gesamten heizintensiven Periode von Dezember bis Februar wurden die Flächen nur extensiv bei 5 °C bewirtschaftet.

Die Schwierigkeit für Betriebe, sich hinsichtlich ihres eigenen Heizenergieverbrauchs einzuordnen, besteht darin, dass zum einen durch witterungsbedingte Schwankungen der tatsächliche Heizenergieverbrauch bis zu 30 % vom Heizenergiebedarf bei Annahme eines Normwinters abweichen kann. Daneben werden in jedem Betrieb Abweichungen zu den vorgegebenen Temperaturen der Modellbetriebe auftreten, die ebenfalls zu Abweichungen zwischen dem Heizenergiebedarf und dem tatsächlichen Verbrauch führen. Trotzdem kann die Einordnung anhand der Modellbetriebe erste Hinweise auf mögliche Schwachstellen im eigenen Betrieb geben und den Einstieg in eine einzelbetriebliche Analyse erleichtern. Dafür können mit Hilfe von Simulationsprogrammen betriebsspezifisch Anhaltswerte ermittelt werden.

Zur Beschreibung des Heizenergiebedarfs der Modellbetriebe können die Verläufe des Jahresheizenergiebedarfs herangezogen werden. Sie geben Aufschluss über die individuelle Bedarfsstrukturen der betrachteten Modellbetriebe und den anfallenden

Spitzenheizenergiebedarf auf Wochen- oder Tagesbasis (vgl. Abbildungen 4-2 und 4-3).

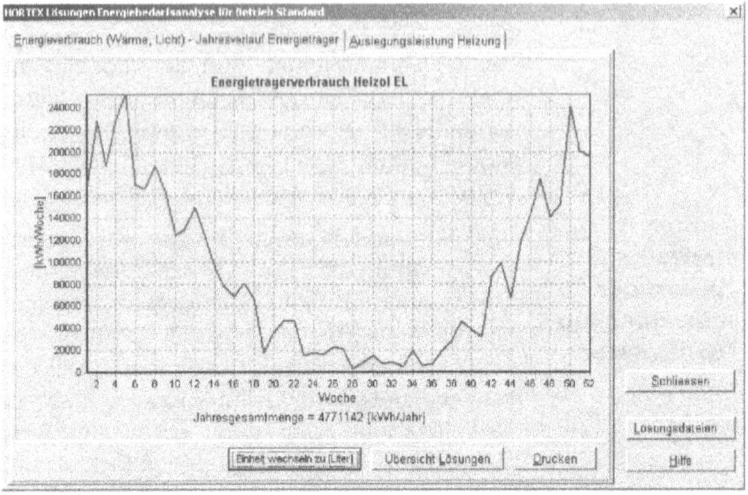

Abbildung 4-2: Wöchentlicher Heizenergiebedarf des Modellbetriebes Warmhaus (Hardcopy aus HORTEX).

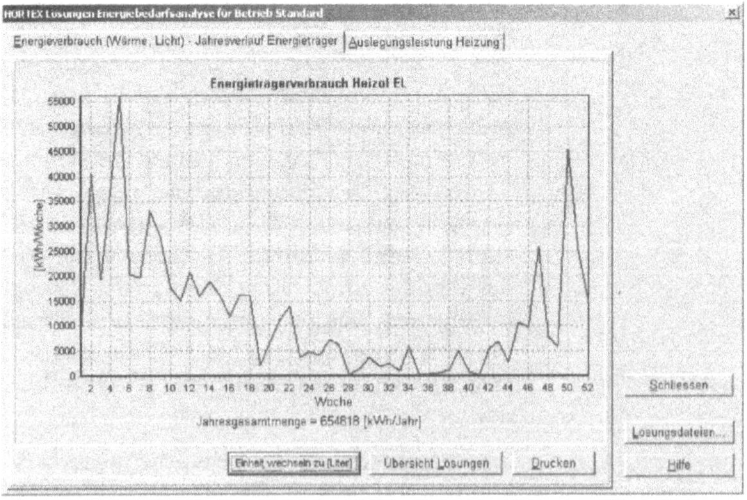

Abbildung 4-3: Wöchentlicher Heizenergiebedarf des Modellbetriebes Beet- und Balkon (Hardcopy aus HORTEX).

Des weiteren können auch die Jahresdauerlinien zur Beschreibung des maximalen stündlichen Leistungsbedarfs verwendet werden (siehe Abb. 4-4). Der Verlauf der Jahresdauerlinie gibt u.a. Aufschluss darüber, in welchem zeitlichen Umfang der Heizenergiespitzenbedarf anfällt. Im Gartenbau ergeben sich z.T. je nach Betriebsstruktur besonders steil verlaufende Jahresdauerlinien.

Jahresdauerlinien

Aufgrund der für die Modellbetriebe bekannten Jahresdauerlinien lassen sich beispielsweise Abschätzungen der erforderlichen Kesselleistung bei der Planung von Heizanlagen durchführen. Ausgehend von den Jahreslaufzeiten stellen sie ebenfalls ein wichtiges Instrument für Wirtschaftlichkeitsberechnungen zur Umstellung auf alternative Energieträger oder bivalente Betriebsweise dar. Weiterhin kann z.B. abgesehen werden, welche Einsparungen sich ergeben, wenn statt einer Innentemperatur von 16 °C nur 6 – 8 °C gehalten werden.

Für die Beurteilung von Maßnahmen zur Energieeinsparung ist der betriebsspezifische Heizenergiebedarf und das daraus resultierende Einsparungspotenzial bei den Energiekosten ein entscheidender Faktor. Auf Basis des Heizenergiebedarfs der einzelnen Varianten der unterschiedlichen Modellbetriebe lassen sich konkrete Aussagen zur Wirtschaftlichkeit von Investitionen in Einsparungsmaßnahmen wie z.B. Energieschirme treffen.

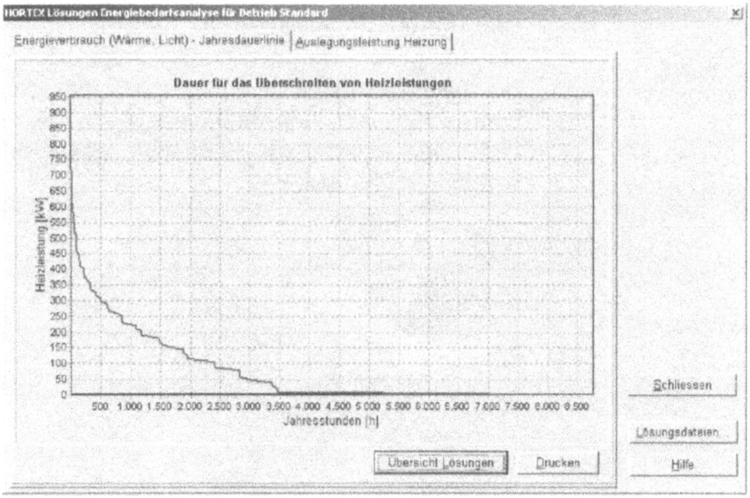

Abbildung 4-4: Jahresdauerlinie des Heizenergiebedarfs vom Modellebtrieb Beet- und Balkon (Hardcopy aus HORTEX).

Beurteilung von Maßnahmen zur Energieeinsparung

Bei der Betrachtung der möglichen Einsparungspotenziale bei bestehenden Anlagen wird davon ausgegangen, dass sich eine Reduzierung des Wärmeverbrauchs i.d.R. durch eine verbesserte Wärmedämmung an der Hüllfläche realisieren lässt. Die Beeinflussung anderer Wachstumsfaktoren wie Globalstrahlung oder Luftfeuchte und Auswirkungen auf das Pflanzenwachstum werden hierbei außer Acht gelassen.

Im Gegensatz zu den vorherrschenden Bedingungen in den Gartenbaubetrieben wird für die Modellbetriebe unterstellt, dass Energieeinsparungen, die durch eine Erhöhung der Nettokulturfläche bzw. exakte Anbauplanung möglich wären, bereits optimal genutzt werden.

Optimierungen, die im Bereich der Wärmeerzeugung und -leitung liegen, werden i.d.R. bei bestehenden Anlagen nur im Rahmen von Ersatzinvestitionen umgesetzt (z.B. Austausch des Heizkessels). Diese Maßnahmen und daraus resultierende Einsparungspotenziale werden in Kapitel 5.1.2.4 behandelt. Bei den Simulationsberechnungen für die Modellbetriebe sind diese Möglichkeiten nicht berücksichtigt.

Die nachfolgende Tabelle 4-2 stellt eine Auswahl von möglichen Maßnahmen in den verschiedenen Modellbetrieben und die damit verbundenen Kosten und Einsparungen dar.

Die Amortisationsdauer der unterschiedlichen Maßnahmen ist abhängig von der Investitionssumme, der eingesparten Energie und den gezahlten Energiepreisen. Für den Betrieb Warmhaus würde dies z.B. bei Maßnahme 1 für den Energieträger Erdgas (bei 0,031 EURO/kWh) bedeuten, dass sich die Maßnahme nach 1,2 Jahren amortisiert.

Tabelle 4-2: Einsparpotenziale in den Modellbetrieben.

	IST-Zustand	Maßnahme	Kosten EURO/m²	jährl. Einsparung %	kWh/m²	t CO_2
Warmhaus						
1	einlagiger, aluminisierter Schirm, mittlere Abdichtungsgüte	Verbesserung der Abdichtung am Energieschirm	1,6	17	82	225
2	Schließen des Schirms bei PAR = 0 W/m²	Schließen des Schirms ab PAR = 10 W/m²	-	5	23	63
3		Kombination aus 1 u.2	1,6	26	122	334
4	Einfachverglasung im Dach	Isolierglas im Dach	46,0	35	164	449
Beet- und Balkon						
1	einlagiger, aluminisierter Schirm, mittlere Abdichtungsgüte	Verbesserung der Abdichtung am Energieschirm	1,6	15	20	27
2	Schließen des Schirms bei PAR = 0 W/m²	Schließen des Schirms ab PAR = 10 W/m²	-	6	8	11
3		Kombination aus 1 und 2	1,6	25	33	45
4	Einfachverglasung an Stehwand	Maßnahme 1 + Noppenfolie	5,6	28	36	49
Rosen						
1	einlagiger, aluminisierter Schirm, mittlere Abdichtungsgüte	Verbesserung der Abdichtung am Energieschirm	1,6	19	65	127
2	Schließen des Schirms bei PAR = 0 W/m²	1 u. Schließen des Schirms ab PAR = 10 W/m²	1,6	30	101	197
3	Einfachverglasung im Dach	Isolierglas im Dach	46,0	43	147	287
Eriken/Callunen						
1	einlagiger Schirm, mittlere Abdichtungsgüte	Verbesserung der Abdichtung am Energieschirm	1,6	18	13	18
Tomaten						
1	kein Energieschirm	Einbau Schirm mit guter Abdichtung	13,0	24	126	345

4.3 Strombedarf

Der durchschnittliche jährliche Strombedarf für die Modellbetriebe ist in Abbildung 4-5 dargestellt. Die Ermittlung der Strombedarfsstruktur basiert auf Untersuchungen der AEL (2002) zu installierten Leistungen und Laufzeiten elektrischer Verbraucher im Gartenbau.

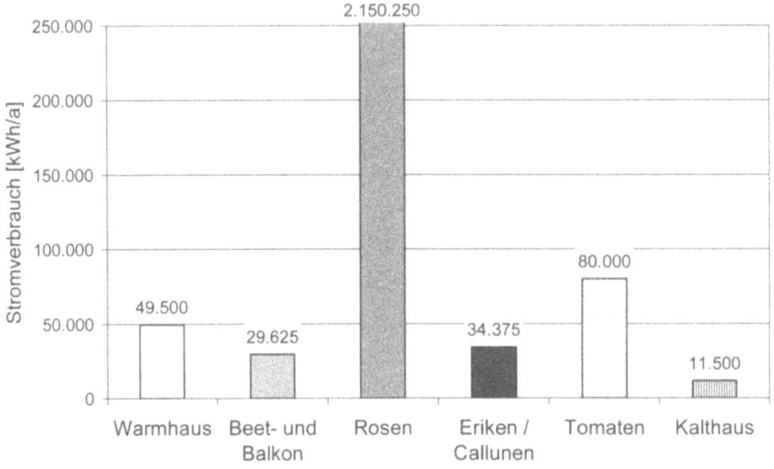

Abbildung 4-5: Jährlicher Strombedarf in den Modellbetrieben.

Der jährliche Strombedarf beträgt 49.500 kWh für den Modellbetrieb Warmhaus, 29.625 kWh für den Beet- und Balkonpflanzenbetrieb, 34.375 kWh für den Betrieb Eriken/Callunen, 80.000 kWh für den Modellbetrieb Tomate und 11.500 kWh für den Kalthausbetrieb. Beim Modellbetrieb Rosen ergibt sich aufgrund der Assimilationsbelichtung ein deutlich höherer Strombedarf mit ca. 2.150 MWh pro Jahr. Hiervon entfallen auf die Assimilationsbelichtung 2.100 MWh (vgl. Abbildung 4-6).

Bei genauerer Betrachtung der verschiedenen Verbrauchsbereiche für Strom wird deutlich, dass abgesehen von der Assimilationsbelichtung der überwiegende Strombedarf für die Heizung anfällt.

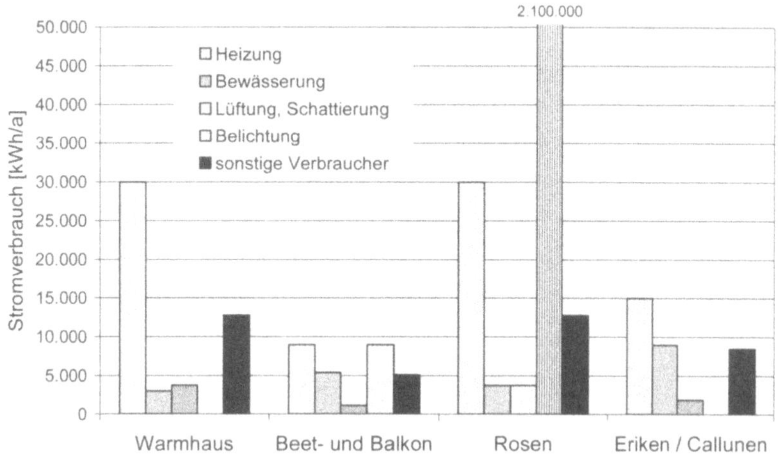

Abbildung 4-6: Jährlicher Strombedarf für verschiedene Verbrauchsbereiche in den Modellbetrieben.

Einsparpotenziale begrenzt vorhanden

Der Vergleich des jährlichen Gesamtenergiebedarfs zeigt, dass der Heizenergiebedarf um das 10- bis 100-fache über dem Strombedarf liegt. Die Untersuchungen zum Energieverbrauch in den Unterglasbetrieben verdeutlichen ebenfalls, dass dieser Verbrauchsbereich mit Blick auf eine effiziente Energienutzung von untergeordneter Bedeutung ist. Eine Reduzierung der Anschlusswerte für elektrische Verbraucher ist im Rahmen einer exakten Auslegung z.B. bei Neuinstallation möglich. Energieeinsparungen im Strombereich sind bei bestehenden Anlagen praktisch nur auf eine Reduzierung von stand by-Funktionen und das Abschalten nicht benötigter Verbraucher begrenzt.

4.4 Literatur zu Kapitel 4

AEL (ARBEITSGEMEINSCHAFT FÜR ELEKTRIZITÄTSANWENDUNG IN DER LANDWIRTSCHAFT) (HRSG.) (2002): Leistungsmessung im Gartenbau. AEL Merkblatt, in Vorbereitung.

RATH, T. (1992): Einsatz wissensbasierter Systeme zur Modellierung und Darstellung von gartenbautechnischem Fachwissen am Beispiel des hybriden Expertensystems HORTEX. Dissertation, Institut für Technik in Gartenbau und Landwirtschaft der Universität Hannover. Gartenbautechnische Informationen, Heft 34.

5 Bewertung und Optimierung des Energieeinsatzes

Ein wesentliches Ziel des Leitfades ist es, konkrete Möglichkeiten aufzuzeigen, mit deren Hilfe der Energieeinsatz und somit auch die Energiekosten in Gartenbaubetrieben gesenkt werden können.

In **Kapitel 5.1** wird die rationelle Energienutzung für die Pflanzenproduktion im Gewächshaus beschrieben. Hierbei wird vor allem auf die Reduzierung des spezifischen Energiebedarfs für die Beheizung von Gewächshäusern eingegangen.

Neben der Optimierung des Energiebedarfs werden auch die technischen Möglichkeiten der Nutzung regenerativer Energieträger für die Wärmeversorgung von Gewächshäusern beschrieben. Am Ende finden sich eine Reihe allgemeiner, als kulturtechnische Maßnahmen einzuordnende Möglichkeiten, um den betrieblichen Energieeinsatz zu optimieren.

Kapitel 5.2 fasst die Möglichkeiten der rationellen Energienutzung bei der gartenbaulichen Freilandproduktion zusammen. Hier werden insbesondere Optimierungen für die Bereiche Feld- und Transportarbeiten und die Bewässerung behandelt.

In **Kapitel 5.3** werden die Potenziale bei der Kühlung und Lagerung, sowie bei der Aufbereitung und Verpackung beschrieben. Hier können verfahrenstechnische Weiterentwicklungen der Anlagen und optimale Dimensionierung von Einzelkomponenten einen Beitrag zur Senkung des spezifischen Energiebedarfs im Gartenbau leisten.

5.1 Pflanzenproduktion im Gewächshaus

Da viele Wachstumsfaktoren, insbesondere Licht und Temperatur, in Mittel- und Nordeuropa über lange Zeiträume des Jahres für viele Kulturen keine optimalen Voraussetzungen bieten, werden die für die Pflanzenproduktion notwendigen klimatischen Bedingungen in Gewächshäusern mit einer transparenten Eindeckung aus Glas oder Kunststoffen geschaffen und die Klimafaktoren mit technischen Mitteln möglichst optimal geregelt.

5.1.1 Grundlagen - Wärmeströme im Gewächshaus

In beheizten Gewächshäusern treten verschiedene Wärmeströme am Bedachungsmaterial und an den Konstruktionsteilen, am Heizungssystem, an den Pflanzen, Inneneinrichtungen und am Boden auf.

Durch die Kenntnis, zu welchen Zeiten und an welchen Stellen am Gewächshaus Wärmeverluste entstehen und durch welche Wärmeströme der Wärmetransport erfolgt, können entsprechende Maßnahmen zur Energieeinsparung wirkungsvoll eingesetzt werden.

Ein Wärmetransport findet durch folgende Arten der Wärmeübertragung statt:

- Wärmeströme durch Konvektion,
- Wärmeübertragung durch Leitung innerhalb eines Stoffes,
- Wärmeübertragung durch latente Wärmeströme und
- Wärmeübertragung durch Strahlung.

In Abbildung 5-1 sind schematisch die Wärmeströme im und am Gewächshaus am Beispiel einer niedrigen Rohrheizung dargestellt.

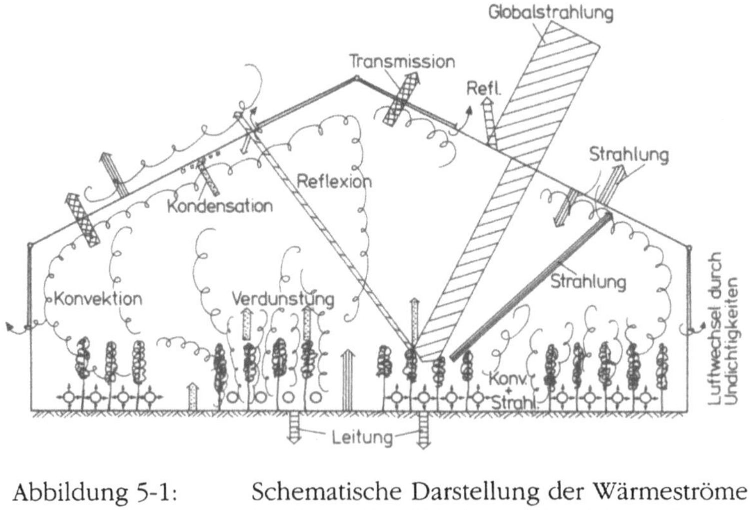

Abbildung 5-1: Schematische Darstellung der Wärmeströme in einem Gewächshaus mit niedriger Rohrheizung (VON ZABELTITZ, 1982).

Die Rohre geben Wärme durch Strahlung und freie Konvektion ab. Warmluft steigt durch Konvektionsströmung nach oben und kommt mit den kalten Hüllflächen in Berührung, wo der mitgeführte Wasserdampf kondensiert. Boden, Pflanzen und Heizungsrohre geben Wärme durch Strahlung an kältere Konstruktionsteile ab. Ein kleiner Teil geht durch Leitung in den Boden. Energie geht auch durch Luftwechsel bei Undichtigkeiten oder geöffneten Lüftungen verloren. Tagsüber gelangt durch die Hüllfläche Globalstrahlung ins Gewächshaus, von der ein Teil von Pflanzen, Boden und Inneneinrichtungen reflektiert, ein Teil absorbiert wird. Dadurch kommt es neben einer Verdunstung von feuchten Flächen auch zu einer Erwärmung der Pflanzen und Gegenstände und damit wiederum zu einer Abstrahlung von langwelliger Energie an die Hüllfläche. Glas lässt langwellige IR-Strahlung nicht durch, sondern absorbiert sie und erwärmt sich. Die Hüllfläche gibt an der Außenseite Wärme durch Konvektion und durch Abstrahlung an den Himmel ab. Durch das Bedachungsmaterial selbst geht Wärmeenergie durch Leitung verloren.

Um wirksam Energie einzusparen, müssen die Wärmeströme innerhalb des Gewächshauses an die Hüllfläche, die Wärmeströme durch die Hüllfläche und die Wärmeabgabe nach außen verringert werden. Gleichzeitig muss eine möglichst hohe Durchlässigkeit für Globalstrahlung erhalten bleiben.

5.1.2 Einflussgrößen und technische Maßnahmen zur Energieeinsparung

5.1.2.1 Gewächshaushülle

Der Gewächshaushülle kommt bei den Maßnahmen der Energieeinsparung eine besondere Bedeutung zu, da ein Großteil der Wärme hierüber verloren geht. Der Wärmedurchgang durch die Hülle kann prinzipiell durch folgende Maßnahmen verringert werden:

- Verbesserung der Dichtigkeit der Hülle,
- temporäre Isolierung,
- dauerhafte Wärmedämmung der Hüllfläche durch Doppel- oder Isoliereindeckungen und
- Verringerung des Oberflächen-Grundflächenverhältnisses.

Abdichtung

Da ein erheblicher Teil der Wärmeabgabe über die Hüllfläche durch den Luftwechsel erfolgt, können einfache Abdichtungsmaßnahmen schon nennenswerte Einspareffekte erzielen.

Konstruktionsbedingt treten Undichtigkeiten vor allem an Scheibenüberlappungen, an Sprossen und an Lüftungsöffnungen und Türen auf. Dazu kommen noch defekte oder abgerutschte Scheiben. Durch undichte Scheiben können schon 10 % Wärme verloren gehen. Schlechtschließende Lüftungsklappen können den Wärmeverbrauch um bis zu 20 % erhöhen. Eine Abdichtung der Lüftungsklappen ist mit einem Streifen Noppenfolie um die Lüftungspfette oder mit speziellen Gummiprofilen möglich (BREDENBECK, 2001).

Temporäre Isolierung

Das Anbringen von Noppenfolie an die Außenseiten von Giebeln und Stehwänden bewirkt bei sachgemäßer Installation eine Reduzierung des Energieverbrauchs um ca. 7 % bezogen auf die Grundfläche (siehe Tab. 5-1). Die Halterungen und die Folien müssen sorgfältig befestigt werden.

Unterspannungen mit verschiedenen Folien im Gewächshaus können auf Spanndrähten dachparallel oder in Traufenhöhe angebracht werden. Bei dichter Verlegung sind Einsparungen von 10 - 15 % möglich. Allerdings beeinflussen diese Unterspannungen die Klimaverhältnisse im Gewächshaus erheblich und es kann zu Problemen mit Luftfeuchtigkeit und Krankheitsbefall kommen. Wenn die Kulturen es zulassen, ist es möglich Teile der Stehwand mit lichtundurchlässigen Materialien zu isolieren. Dazu eignen sich Wasserdampf undurchlässige Polystyrolplatten. Diese können auch für die Isolierung der Gewächshausfundamente eingesetzt werden (vgl. Tab. 5-1).

Tabelle 5-1: Isoliermaterialien und Einsparungspotenziale (VON ZABELTITZ, 1982).

Maßnahme	**Einsparung (%)** bezogen auf die gedämmte Fläche
Noppenfolie mit Haltern	39–44
PE-Folie (Abstand zum Glas)	26-30
EVA-Folie (Abstand zum Glas)	42
Polystyrol 1 cm	62
Polystyrol 2 cm	76

Dauerhafte Wärmedämmung Spezialgläser und Mehrfacheindeckungen reduzieren die Wärmedurchlässigkeit der Gewächshaushülle. Bei Spezialgläsern wie z.B. Agriplus wird durch Beschichtung mit Zinnoxid die Wärmestrahlung um bis zu 20 % verringert. Dieser Effekt wirkt allerdings nur bei trockenem Glas, weshalb darauf zu achten ist, dass die beschichtete Seite nach außen weist. Die gesamte Energieeinsparung beträgt 10 bis 12 % bei Mehrkosten von ca. 5,- EURO/m^2 Glas (BREDENBECK, 2001).

Isoliergläser Mit Isoliergläsern, die an den Rändern abgedichtet und im Zwischenraum mit trockener Luft oder speziellen Gasen gefüllt sind, können Energieeinsparungen bis zu 40 % (bezogen auf die Grundfläche) erreicht werden. Die Lichtdurchlässigkeit ist allerdings in der Regel um 8 % geringer (VON ZABELTITZ, 1982).

Doppelverglasung Die Doppelverglasung wird vor allem für den Stehwand- und Giebelbereich verwendet. Bei einer solchen Eindeckung liegen die Einsparungswerte bezogen auf das gesamte Haus bei ca. 8 %.

Kunststoffplatten Kunststoffmaterialien aus Polycarbonat, Acrylglas oder PVC werden als Stegdoppel- oder –dreifachplatten in verschiedenen Stärken angeboten. Die Wärmedämmung dieser Platten ist bei 40% Einsparung sehr hoch. Die Lichtdurchlässigkeit und Beständigkeit der Platten sind jedoch im Vergleich zu Einfachglas reduziert. Der Materialpreis für eine Stegdoppelplatte beträgt ca. 23,- EURO/m^2. Die Gesamtkosten für eine Umrüstung liegen für Mehrfachplatten und Isoliergläser bei ca. 75,- EURO/m^2.

Aufblasbare Folien Für eine Umrüstung bestehender Häuser eignet sich aufblasbare Doppelfolie. Dabei wird zwischen zwei Folienbahnen mit Ventilatoren Luft eingeblasen. Die Anschlussleistung der Ventilatoren liegt bei 50 - 100 W/1000 m^2. Wichtig ist, dass Außenluft angesaugt wird, damit sich zwischen den Folien kein Schwitzwasser bildet. Durch die Verwendung von Antitaumitteln und die Entfernung nicht mehr benötigter Sprossen kann die Lichtdurchlässigkeit in den meisten Fällen deutlich erhöht werden (BREDENBECK, 2001). Die Kosten für eine Umrüstung liegen zwischen 10,- und 25,- EURO/m^2.

Eine Übersicht über Einsparungspotenzial und Lichtdurchlässigkeit verschiedener wärmedämmender Bedachungsmaterialien ist in Tabelle 5-2 zusammengestellt.

Tabelle 5-2: Eigenschaften verschiedener Bedachungsmaterialien (BREDENBECK, 2001; VON ZABELTITZ, 1982).

Maßnahmen	**Einsparung (%)** (Materialwert)	**Lichtdurchlässigkeit (%)**
Beschichtetes Glas	10–12	81-83
Doppelverglasung (2 Scheiben)	35–40	ca. 84
Isolierverglasung	ca. 40	84–85
Stegdoppelplatte, 16 mm	ca. 40	86-88
Doppelfolie	30–40	84–85

5.1.2.2 Energieschirme

Durch den Einsatz von Energieschirmen kann der Heizenergieverbrauch um mehr als 30 % reduziert werden. Diese Einsparungen sind aber nur bei gut ausgeführten, d.h. dichten Schirmanlagen erzielbar. Tabelle 5-3 zeigt eine Zusammenstellung von Energieschirmmaterialien mit unterschiedlichen Aluminiumanteilen und die damit erreichbaren Energieeinsparungen.

Dichtigkeit von Energieschirmen

Zur Kontrolle der erreichten Dichtigkeit eines installierten Energieschirmes kann die Messung eines V-Luft-Verhältniswertes herangezogen werden. Mit dem V-Luft–Verfahren kann über die Messung der Außentemperatur, der Lufttemperatur über dem Schirm und der Lufttemperatur unter dem Schirm die Dichtigkeit eines Energieschirms in einem Gewächshaus bestimmt werden (MEYER, 1985), (siehe Abb. 5-2).

Das Verhältnis V-Luft ergibt sich aus:

$$V_{Luft} = \frac{t_o - t_a}{t_i - t_a} \qquad (-)$$

t_o = Temperatur über dem Schirm (°C)
t_i = Temperatur über dem Schirm (°C)
t_a = Außentemperatur (°C)

Bei einem Gewächshaus ohne Schirm liegt dieser Wert bei 1. Eine gute Isolierung erreicht einen Wert von ca. 0,3.

Tabelle 5-3: Einsparung durch Energieschirme
(*Verhältnis Oberfläche : Grundfläche = 0,8).

Einsparung	bezogen auf Hüllfläche	bezogen auf Grundfläche*
Energieschirm, 8°C HT, 50%Aluanteil	**48,7%**	**39,0%**
Energieschirm, 10°C HT, 50%Aluanteil	**47,6%**	**38,1%**
Energieschirm, 12°C HT, 50%Aluanteil	**46,5%**	**37,2%**
Energieschirm, 16°C HT, 50%Aluanteil	**44,5%**	**35,6%**
Energieschirm, 18°C HT, 50%Aluanteil	**43,6%**	**34,9%**
Energieschirm, 22°C HT, 50%Aluanteil	**42,3%**	**33,8%**
Energieschirm, 8°C HT, 0%Aluanteil	**43,87%**	**35,1%**
Energieschirm, 12°C HT, 0%Aluanteil	**41,81%**	**33,4%**
Energieschirm, 16°C HT, 0%Aluanteil	**40,05%**	**32,0%**
Energieschirm, 18°C HT, 0%Aluanteil	**39,24%**	**31,4%**
Energieschirm, 22°C HT, 0%Aluanteil	**38,03%**	**30,4%**
Energieschirm, 8°C HT, 100%Aluanteil	**53,62%**	**42,9%**
Energieschirm, 10°C HT, 100%Aluanteil	**52,33%**	**41,9%**
Energieschirm, 12°C HT, 100%Aluanteil	**51,10%**	**40,9%**
Energieschirm, 16°C HT, 100%Aluanteil	**48,95%**	**39,2%**
Energieschirm, 18°C HT, 100%Aluanteil	**47,96%**	**38,4%**
Energieschirm, 22°C HT, 100%Aluanteil	**46,48%**	**37,2%**

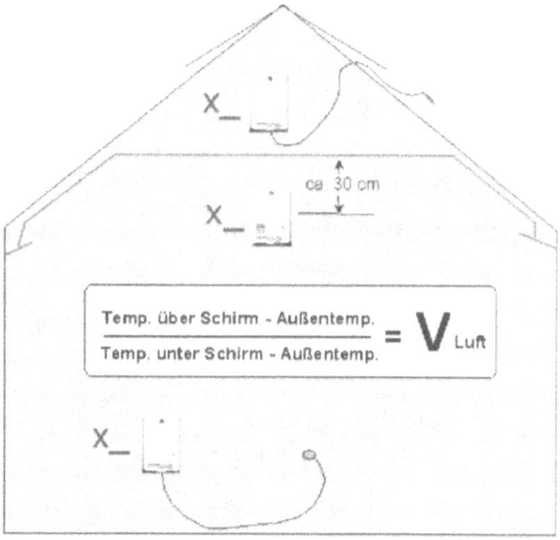

Abbildung 5-2: Anordnung der Messgeräte im Gewächshaus für das V_{Luft}-Verfahren.

Untersuchungen zur Abdichtungsgüte von Energieschirmen verdeutlichen, dass z.T. erhebliche Unterschiede auftreten. Die Bauweise der Gewächshäuser hat einen großen Einfluss auf den V-Luft-Wert. Bei Breitschiffgewächshäusern bewirkt die unterschiedliche Dichtigkeit der Gewächshaushülle oberhalb des Energieschirms eine Streuung der V-Luft-Werte zwischen 0,35 bis 0,8. Bei heute üblichen Venlo-Konstruktionen werden durch die höhere Dichtigkeit V-Luft-Werte um 0,3 erreicht. Aus den Untersuchungen ergeben sich folgende Schlussfolgerungen:

1. Neue Anlagen sind i.d.R. ordentlich abgedichtet, Mängel bei der Installation sind selten.
2. Hohe V-Luft-Werte sind meist auf beschädigte Schirmmaterialien oder undichte Gewächshäuser zurückzuführen.
3. Die Materialien unterscheiden sich bei unterschiedlichen Feuchtebedingungen stärker als bisher nachgewiesen. Bei höherer Luftfeuchtigkeit ist die Wärmedurchlässigkeit von Materialien mit höherer Wasserdampfdurchlässigkeit (gewebtes Material) größer.
4. Haustypen und Kulturführung müssen bei der Bewertung der V-Luft-Werte mit berücksichtigt werden.
5. Das höhere Einsparpotenzial von Materialien mit geringerer Wasserdampfdurchlässigkeit kann kulturbedingt durch eine Entfeuchtungsstrategie aufgehoben werden.
6. Wasserdampfdurchlässige Materialien haben meist eine längere Haltbarkeit.

5.1.2.3 Wärmebrücken und Undichtigkeiten

Wärmebrücken an der Gewächshaushülle sind vor allem metallische Verbindungen zwischen innen und außen. Dazu gehören Sprossen, Rinnen, Pfetten und Türrahmen. Die Wärmeleitfähigkeit von Metall ist um ein Vielfaches höher ist als von Bedachungsmaterialien.

Zur Verringerung der Wärmebrücken an Sprossen sind folgende Maßnahmen möglich:

- Abdeckung der Sprossen mit Kunststoffbändern bei kittloser Verglasung. Dies kann bis zu 4 % Einsparung bringen.
- Einsatz von Isoliersprossen, bei denen Innen- und Außenteil nur geringe metallische Verbindungen haben.

- Nachträgliche Abdeckung mit Dichtungsbändern über die Verkittung. Auch für Firstpfetten werden Kunststoffabdeckungen angeboten.
- Verwendung isolierter Rinnen. In schneereichen Gebieten kann das Abtauen der Rinnen zum Problem werden. Der Flächeanteil der Rinnen an der Hülle ist vom Gewächshaustyp abhängig. Bei einem Breitschiff-Normhaus beträgt dieser 6,1 %, bei einem Venlogewächshaus mit 4m x 3,20m Binderabstand etwa 3,3 %. Die Verwendung von isolierten Rinnen bewirkt bei Venlogewächshäusern einen Minderverbrauch bis zu 1,9 %.

5.1.2.4 Wärmeerzeugung

Für die Bereitstellung von Wärme zur Gewächshausbeheizung werden im wesentlichen drei Verfahren eingesetzt:

- Wärmeerzeugung durch Verbrennung,
- Nutzung von Abwärme oder Umweltwärme und
- Nutzung der Sonnenenergie.

Für den Gartenbau ist in erster Linie die Verbrennung von fossilen oder nachwachsenden Brennstoffen für die Gewächshausbeheizung von Bedeutung. Dazu werden unterschiedliche Kessel- und Brennertechnologien verwendet.

Kesseltechnik

In den vergangenen Jahren hat es in der Anlagentechnik deutliche Verbesserungen gegeben. Die heute am Markt erhältlichen Gas- und Ölkessel verfügen über hohe Wirkungsgrade und verursachen nur noch relativ geringe Schadstoffemissionen. Zur optimalen Nutzung der im Brennstoff enthaltenen Energie ist ein möglichst hoher Wirkungsgrad der Heizanlage anzustreben.

Mit dem **feuerungstechnischen Wirkungsgrad** wird die Verbrennungsgüte einer Feuerungsanlage bezeichnet. Die Verbrennungsverluste bestehen aus den Abgasverlusten und den Verlusten durch unvollkommene Verbrennung, wie z.B. Ruß, Kohlenmonoxid und unverbrannter Brennstoff. Zur Erreichung eines hohen feuerungstechnischen Wirkungsgrades ist eine gute Vermischung von Brennstoff und Luft mit möglichst kleinem Luftüberschuss, sowie eine möglichst niedrige Abgastemperatur erforderlich.

Der **Kesselwirkungsgrad** wird bestimmt durch die Abgaswärmeverluste und den Wärmeverlust des Kessels durch Konvektion und Abstrahlung. Bei gut isolierten Kesseln betragen die Verluste etwa 1 %. Sie steigen auf bis zu 5 % bei unzureichender Isolierung.

Für die Verbesserung des **Jahresbetriebswirkungsgrades** müssen die Stillstands- und die Nachströmverluste reduziert werden. Diese sind abhängig vom Schornsteinzug und dem Strömungswiderstand des Brenners und Kessels. Durch den Einbau einer Abgasklappe sind die Nachströmverluste um etwa 90 % zu verringern. Brenner ab dem Baujahr 1990 besitzen auf der Ansaugseite motorisch schließende Frischluftklappen. Durch eine Abstufung der Heizleistung kann die Auslastung der Feuerungsanlage erhöht und damit die Stillstandszeiten reduziert werden. (TANTAU, 1982).

Niedertemperaturkessel

Niedertemperaturkessel verfügen über eine von der Außentemperatur abhängige Vorlauftemperaturregelung, d.h. die Vorlauftemperatur sinkt mit zunehmender Außentemperatur von etwa 90 °C auf 40 °C. Durch die im Vergleich zu konventionellen Kesseln (mit maximalen Vorlauftemperaturen von 90 °C) relativ niedrigen Betriebstemperaturen sind die Abgas- und Bereitschaftsverluste gering und Jahresnutzungsgrade bis zu 92 % realistisch. Um Versottungs- und Korrosionsschäden an der Schornsteinanlage zu verhindern, ist im Einzelfall eine Schornsteinauskleidung mit korrosionsfesten Abgasrohren geboten.

Einsparungspotenziale

Gegenüber Kesseln ohne Rücklauftemperaturtoleranz ist ein um mindesten 1 % höherer Jahresbetriebswirkungsgrad zu erreichen. In gleichem Maße können die Emissionen und Brennstoffkosten vermindert werden. Die Mehrkosten der Niedertemperaturkessel, die vornehmlich von den höherwertigen Werkstoffen der Wärmetauscherflächen bestimmt werden, sind dadurch während der Nutzungszeit sehr schnell wieder ausgeglichen. Kostensteigernd sind ggf. die erforderlichen Versottungs- bzw. Korrosionsschutzmaßnahmen an der Schornsteinanlage.

Brennwerttechnik

Brennwertkessel nutzen im Vergleich zu herkömmlichen Heizkesseln und Niedertemperaturkesseln nicht nur die Verbrennungswärme sondern auch die im Abgas latent vorhandene Kondensationswärme des Wasserdampfes. Sie nutzen somit auch die Energie, die bei konventionellen und Niedertemperaturkesseln mit dem Abgas verloren geht. Die Brennstoffe für die Brennwerttechnik sind Erdgas oder Heizöl. Der maximale zusätzliche Energiegewinn durch die Brennwertnutzung beträgt je nach Qualität und Herkunft bei Erdgas etwa 10 - 11 % und bei Heizöl 5 - 6 % im Vergleich zum Heizwert H_u.

Einsatzgebiete

Brennwertkessel sind überall dort einsetzbar, wo die Rücklauftemperaturen der Wärmeversorgungssysteme ausreichend niedrig sind, um den Taupunkt des Abgases zu unterschreiten. Prädestiniert sind im Gartenbau Vegetationsheizungssysteme und pflanzennahe Heizungen, die eine geringere Vorlauftemperatur haben.

Die mit der Brennwerttechnik verbundenen Schwierigkeiten der sicheren Abführung von Abgas- und Kondensatmengen sind durch entsprechende Materialauswahl für Heizflächen und Schornstein zu umgehen.

Einsparungspotenzial

Im Vergleich zu konventionellen Kesseln erreichen moderne Brennwertkessel um bis zu 20 % höhere Wirkungsgrade. Den damit verbundenen geringeren Brennstoffkosten stehen die höheren Investitionen für die aufwendigere Technik gegenüber. In den letzten Jahren sind die Preisunterschiede zwischen konventionellen Kesseln und Brennwertkesseln geringer geworden, so dass sich der Einsatz von Brennwertkesseln schon nach kurzer Betriebszeit amortisiert.

Abgaskondensatoren

Mit Hilfe von Abgaswärmetauschern kann zusätzlich ein Teil der Kondensat-Wärmemenge der Abgase genutzt werden. Anwendungsgebiete im Gartenbau sind gasbetriebene Kesselanlagen, die eine relativ niedrige Kesselrücklauftemperatur zulassen. Beim Einsatz von Abgaskondensatoren sind Abgastaupunkt und Auftrieb der ausgekühlten Abgase zu beachten. Die Abgastemperatur sollte am Austritt aus dem Abgaswärmetauscher so hoch sein, dass ein ausreichender Kaminzug ohne mechanische Unterstützung durch einen Ventilator gegeben ist. Eine Absenkung unter den Taupunkt ist für die Abgaswärmetauscher selbst kein Problem, da ohnehin säurefeste Werkstoffe verwendet werden. Für die Schornsteinanlage sind, wie bei Brennwertkesseln, Schutzmaßnahmen erforderlich.

Einsparungspotenzial

Durch den Einsatz von Abgaswärmetauschern lassen sich Energieeinsparungen von ca. 10 % erzielen. Ob der Einsatz dieser Systeme wirtschaftlich ist, wird von der jährlichen Benuzungsdauer und der ggf. notwendigen Schornsteinsicherung bestimmt. Die spezifischen Preise der Abgaswärmetauscher sind im Vergleich zu Kesselanlagen mit 60,- bis 90,- EURO/kW hoch.

Gebläsebrenner für Leichtöl

Für einen Leistungsbereich ab 70 kW bis in den MW–Bereich werden bei Einsatz von Heizöl alle Brenner 2- oder 3-stufig geregelt. Durch diese Abstufung kann zum einen eine bessere Leistungsanpassung an den jeweiligen Wärmebedarf erreicht werden, zum anderen kann mit kleinen Leistungsstufen ein geringerer Staudruck beim Zünden der Flamme in der Kesselanlage sichergestellt werden. In der Regel startet ein mehrstufiger Ölbrenner mit 40 % der Nennleistung, die restlichen 60 % bringt der Brenner in der 2. Stufe. Bei einer 3-stufigen Ausführung wird in der Regel der Leistungsbereich der 2. Stufe weiter aufgeteilt.

Schadstoffreduktion

Seit Anfang 1998 dürfen für Kessel bis zu einer Leistung von 120 kW nur Brenner mit besonders geringem Schadstoffanteil (sogen. **Blaubrenner**) eingesetzt werden. Die Schadstoffreduzierung wird durch eine mehrfache Umlenkung der Ansaugluft oder durch eine interne Abgasrückführung erreicht (vgl. Abb. 5-3).

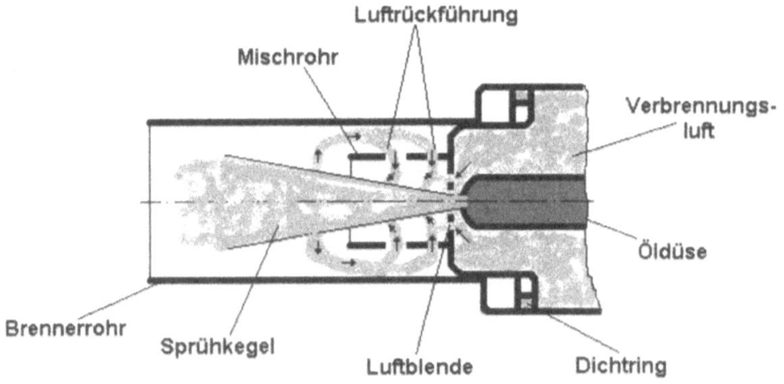

Abbildung 5-3: Skizze eines NO_x armen Brenners (Typ MAN RE 1 LN).

Nach dem heutigen Stand sind schadstoffarme Brenner ca. 5 - 15 % teuerer als herkömmliche Brenner und nur im Leistungsbereich bis 1 MW verfügbar.

Gebläsebrenner für Erd- und Flüssiggas

Gasbrenner sind in der Ausführung und bei den Leistungsstufen mit Leichtölbrennern vergleichbar. Zur besseren Leistungsanpassung ist bei Gasbrennern auch eine gleitende Leistungsanpassung (z.B. 2-stufig gleitend) möglich (Abb. 5-4).

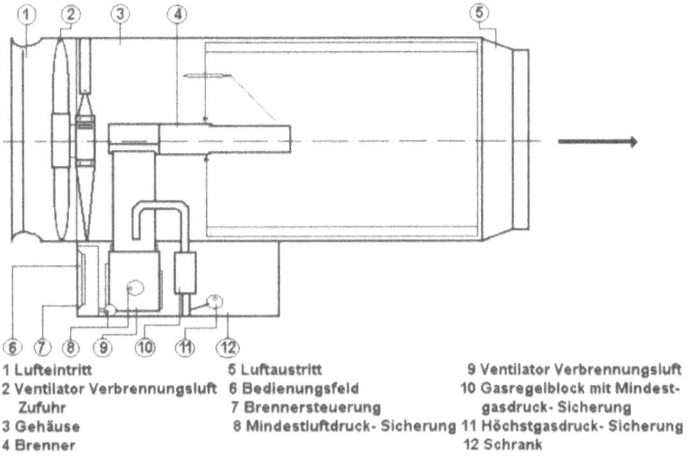

Abbildung 5-4: Skizze eines direktbefeuerten Lufterhitzers.

Gleitende Leistungs-anpassung

Bei diesen Brennern wird die Kleinlast stufig gefahren, während die 2. Stufe gleitend (stufenlos) bis zur Volllast an die benötigte Wärmeleistung stetig angepasst werden kann. Darüber hinaus ist auch eine vollmodulierende Brennerausführung erhältlich. Diese werden mit einer Minimalleistung von ca. 20 % gestartet. Im Leistungsbereich zwischen 20 und 100 % ist der Brenner beliebig regelbar.

Beim Einsatz modulierender Brenner kann mit Hilfe der elektronischen Drehzahlregelung der Stromverbrauch um bis zu 40 % gesenkt werden. Gerade bei langen Laufzeiten im unteren Lastbereich kann die Einsparung bis zu 80 % der Brenneranschlussleistung betragen. Bei Brennern mit hoher Leistung wird die Amortisation früher erreicht, da sie im Vergleich zu kleinen Brennern eine höhere Stromaufnahme haben. Die Mehrkosten für eine Drehzahlregelung mit O_2-Regelung liegen z.B. für einen Brenner mit 1 MW Leistung bei ca. 30 % (WEISHAUPT, 2000).

Abgasnutzung zur CO_2-Düngung im Gewächshaus

Besseres Pflanzen-wachstum

Durch eine CO_2-Anreicherung in der Gewächshausluft bis zu 1.000 vpm kann bei Gemüsepflanzen, Schnittblumen und Zierpflanzen eine signifikante Verbesserung des Pflanzenwachstums und der Qualitätseigenschaft erzielt werden. Das zur Düngung im Gewächshaus verwendete CO_2 entsteht bei der Verbrennung von Erdgas neben Wärme und Wasserdampf.

In Abbildung 5-5 ist das Prinzip einer CO_2-Versorgung für Gewächshäuser dargestellt.

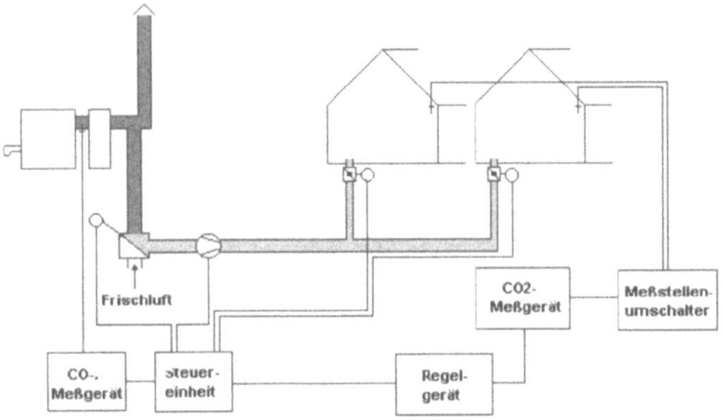

Abbildung 5-5: Skizze einer CO_2-Gewächshausversorgung.

Die Brenner sind modulierend und im Leistungsbereich von 20 bis 100 % stufenlos regulierbar. Dadurch ist eine möglichst lange Laufzeit des Brenners und ein entsprechendes CO_2-Angebot gewährleistet. Die Kesselanlagen müssen mit Abgaswärmetauschern ausgestattet sein, damit die Abgastemperatur unterhalb des Taupunktes abgekühlt wird. Dies hat eine Trocknung des Abgases zur Folge und bewirkt, dass bei der Einleitung der Wasserdampfgehalt der Gewächshausluft nicht zusätzlich ansteigt. Die Kesselabgase enthalten etwa 9 bis 11 % CO_2. Diese werden auf max. 5.000 vpm (MAK-Wert) verdünnt und i.d.R. am Gewächshausboden verteilt.

Temperaturerhöhung durch CO_2-Düngung

Mit der CO_2-Düngung ist gleichzeitig eine Temperaturerhöhung im Gewächshaus verbunden. Das nachfolgende Beispiel zeigt, wie der Temperaturanstieg zu berechnen ist.

Für 1.000 m^2 Gewächshausgrundfläche werden für eine Anreicherung der Luft von 300 auf 1.000 vpm 6 – 8 m^3/h Erdgas H benötigt (vgl. Tab. 5-4). Daraus ergeben sich ca. 60 – 80 m^3/h

Abgas und 6 – 8 m^3/h CO_2. Bei einem Luftmischungsverhältnis von 1:1 müssen dann 120 – 180 m^3/h Abgas in ein Gewächshaus eingeleitet werden. Wird der Wärmeinhalt dieser Erdgasmenge, die zur CO_2 Versorgung erforderlich ist, auf 1.000 m^2 Gewächshaus verteilt, wird eine Temperaturerhöhung von 6 bis 9 °C erreicht.

Tabelle 5-4: Kennzahlen und Brenneigenschaften von Erdgas Gruppe H und Propangas (LECKER, 1999).

	Erdgas H	**Propangas**
Brennwert	12,20 kWh/m^3	13,98 kWh/kg
Abgasmenge feucht	11,6 m^3/m^3	26,24 m^3/m^3
Abgasmenge trocken	9,5 m^3/m^3	22,3 m^3/m^3
CO_2 feucht	10,0 Vol%	13,8 Vol%

Wärmespeicher nutzen

Um eine CO_2-Abschaltung über eine wärmebedarfsgeführte Kesselanlage zu vermeiden, ist die Wärmeauskopplung in einen Wärmespeicher sinnvoll. Dann kann auch ohne aktuellen Wärmebedarf der Gewächshäuser der Brenner zur CO_2-Produktion weiter betrieben werden. Als Speichermedium wird üblicherweise Wasser verwendet. Als Faustzahl gilt für 1 ha Glasfläche ein Speichervolumen von 100 bis 120 m^3.

Im Gegensatz zur CO_2-Nutzung aus Kesselabgasen werden bei Einsatz von Lufterhitzern die Abgase direkt in das Gewächshaus geblasen (s. Kap 5.1.2.4). Da bei der Verbrennung von Gas eine hohe Wasserdampfmenge entsteht, geht mit diesem System ein Wasserdampfanstieg in der Gewächshausluft einher, welcher bei der Kulturführung besonders beachtet werden muss.

5.1.2.5 Kraft-Wärme-Kopplung

Die Kraft-Wärme-Kopplung (KWK) ist zur Zeit die effizienteste Form der Energieumwandlung. Dabei wird fossiler oder auch regenerativer Brennstoff im Verbrennungsprozess eines Motors oder Turbine in thermische und mechanische Energie umgewandelt.

Blockheiz-kraftwerke

Blockheizkraftwerke (BHKW) sind Kleinkraftwerke auf der Grundlage von Verbrennungsmotoren, die durch Ausnutzung der Kurbelwellenleistung in Generatoren der Stromerzeugung dienen. Durch die Ausnutzung von Strom und Wärme kann der Gesamtwirkungsgrad von BHKW bis zu 90 % betragen (siehe Abb. 5-6). Dabei beträgt der Anteil der produzierten Stromenergie bei Dieselmotoren auf Grund der höheren Kurbelwellenleistung bis zu 38 % und bei Ottomotoren bis zu 33 % der eingesetzten Energie. Darüber hinaus wird über Wärmetauscher die Abwärme der BHKW-Motoren und -abgase genutzt.

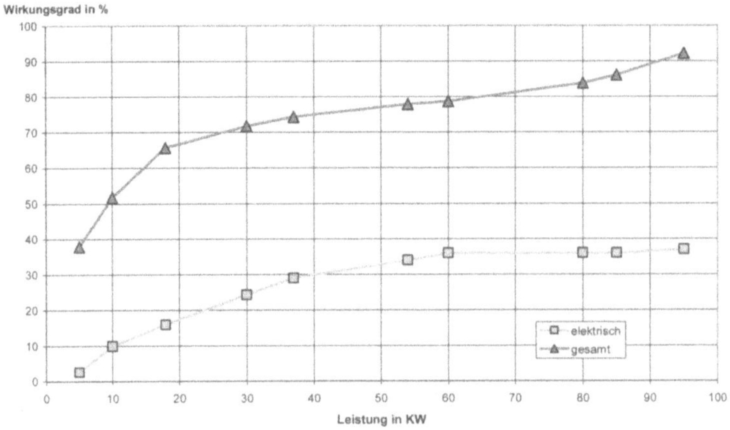

Abbildung 5-6: Gemessene Leistung eines BHKW der Fa. Kramb (nach GUDEHUS, 1988).

Blockheizkraftwerke werden im Gartenbau zur Zeit nur in Verbindung mit Assimilationsbelichtung im Schnittblumen- und Topfpflanzenanbau eingesetzt. Die installierte elektrische Leistung, je nach Kultur zwischen 40 - 80 W/m^2, kann während der Heizperiode vollständig auf den Wärmebedarf des Gewächshauses angerechnet werden (MEYER, 1989).

Bei Anlagenleistungen von 40 - 300 kW_{el} kommen im Gartenbau zumeist Dieselmotoren zum Einsatz., die im Inselbetrieb ohne Netzeinspeisung betrieben werden. Ein netzparalleler Anschluss ist im Gartenbau aufgrund der niedrigen Einspeisungsvergütung und des geringen Überschussstroms meist nicht wirtschaftlich.

In höheren Leistungsbereichen werden aufgrund der verschärften Anforderungen an die Abgasreinigung Gas-BHKW-Anlagen eingesetzt. Preisgünstige Anlagen für den Gartenbau gibt es ab 310,- EURO/kW_{el}, hochwertige Anlage kosten bis 600,- EURO/kW_{el}.

Die Wirtschaftlichkeit eines BHKW ist abhängig vom Strombedarf eines Betriebes, den Stromtarifen der Energieversorgungsunternehmen, den Kosten für die eingesetzten Energieträger und den Laufzeiten. Im Gartenbau erlangen die Anlagen 2.200 bis 2.800 Vollaststunden/a. Die Kosten aus Abschreibung, Verzinsung, Reparatur und Betrieb belaufen sich auf 0,07 bis 0,10 EURO/kWh produzierten Strom. Liegt der Strompreis für den Bezug aus dem öffentlichen Netz höher, ist ein BHKW im Gartenbau wirtschaftlich einzusetzen.

5.1.2.6 Heizungssysteme

Zur Aufrechterhaltung einer optimalen Innentemperatur sind folgende Anforderungen an Heizungssysteme für Gewächshäuser zu stellen (TANTAU in VON ZABELTITZ, 1982):

1. gute Regelbarkeit und schnelle Anpassung der Wärmezufuhr an den Wärmebedarf,
2. hohe Betriebssicherheit,
3. gleichmäßige Wärmeverteilung im Pflanzenbereich, um Temperaturgradienten klein zu halten,
4. wirksame Entfeuchtung des Pflanzenbereichs,
5. u.U. Eignung zur Verwendung von Niedertemperaturwärme,
6. keine Behinderung von Kulturarbeiten,
7. möglichst geringe Lichtminderung.

Für die Dimensionierung des Heizungssystems wird der Gesamtwärmebedarf eines Gewächshauses berechnet mit:

$$Q = k' \cdot A_H \cdot (t_i - t_{Na}) \qquad (W)$$

Q = Gesamtwärmebedarf (W)
k' = Wärmeverbrauchskoeffizient (W/m^2 K)
A_H = Hüllfläche des Gewächshauses (m^2)
t_i = Sollinnentemperatur (°C)
t_{Na} = Außentemperatur nach DIN 4701 (°C)

Als Faustzahl wird im Auslegungsfall für den Produktionsgartenbau mit einem Spitzenbedarf von 200 W/m^2 gerechnet. Für die Beheizung von Gewächshäuser lassen sich verschiedene Heizungssysteme einsetzen.

CO_2-Kanone

Interessant ist der Einsatz von CO_2-Kanonen, wenn keine Kesselhaus vorhanden ist oder Gewächshäuser nur kurzfristig beheizt werden müssen. Bei diesen Geräten wird Gas (Erdgas oder Propangas) verbrannt und die heiße Luft mit den Verbrennungsgasen direkt in das Gewächshaus geblasen. Mit diesem Heizsystem werden nur rund 76 % der im Vergleich zu einer hohen Rohrheizung erforderlichen Energie benötigt (siehe Abb. 5-7).

Bei der Aufrechterhaltung von über 10 K Temperaturdifferenz zwischen innen und außen können allerdings pflanzenbaulichen Probleme durch zu hohe CO_2-Konzentrationen im Gewächshaus auftreten. Dies muss je nach Empfindlichkeit der Kulturen beachtet werden. Um eine gute Verbrennung zu gewährleisten, wird zusätzliche Außenluft angesaugt. Wird die Verbrennungsluft aus dem Gewächshaus angesaugt, ist mit Auftreten von Schadgasen zu rechnen, was erhebliche Kulturschäden verursachen kann. Weiterhin ist mit den CO_2-Kanonen eine gleichmäßige Wärmeverteilung im ganzen Gewächshaus nur schwer zu erreichen. Deshalb sind diese Heizkanonen nur begrenzt nutzbar.

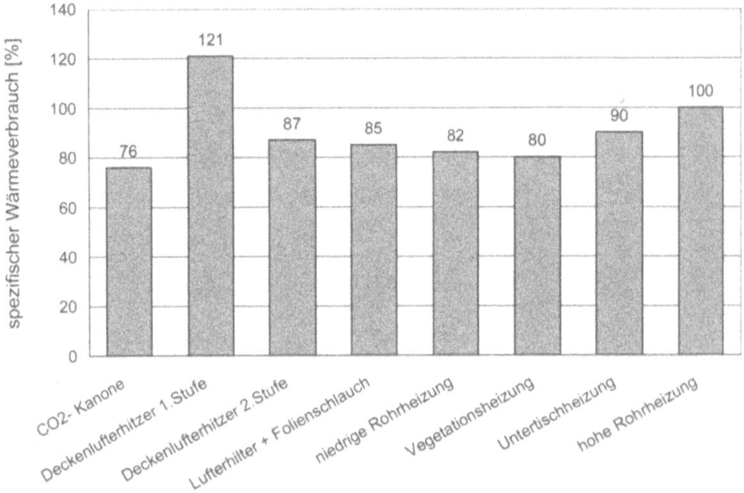

Abbildung 5-7: Spezifischer Wärmeverbrauch verschiedener Heizungssysteme (hohe Rohrheizung = 100) (verändert nach TANTAU, 1974).

Direktbefeuerte Luftheizgeräte mit Abgasführung sind dagegen unproblematischer einzustufen, weil die Schadgasanteile nicht ins Gewächshaus gelangen. Die hohe Flexibilität und Transportfähigkeit ist ein Vorteil dieser Geräte, die Ausgaben für eine In-

Lufterhitzer mit Abgasführung

vestition übersteigen jedoch bei größeren Gewächshauseinheiten die eines Systems mit Heizungszentrale. Der Wärmeverbrauch gegenüber dem Vergleichsverbrauch einer hohen Rohrheizung liegt bei ca. 93 % (siehe Abb. 5-7). Deckenlufterhitzer mit Warmwasserbeheizung aus einer Heizzentrale (Heizkessel) können sehr unterschiedliche Wirkungsgrade aufweisen. Werden diese Geräte mit einer zu geringen Ventilatordrehzahl betrieben, kann der Energieverbrauch bis zu 20 % über dem Verbrauch einer hohen Rohrheizung ansteigen, da die Warmluft nur im Dachraum bewegt wird. Bei angepasster Gebläsestufe kann der Energieverbrauch auf 87 % (im Vergleich zur hohen Rohrheizung) gesenkt werden (vgl. Abb. 5-7). Die Wärmeverteilung im Gewächshaus ist auch hier häufig ungleichmäßig. Deshalb wird bei temperaturempfindlicheren Kulturen der Deckenlufterhitzer in Kombination mit einem Folienschlauch (ca. 50 cm Durchmesser) betrieben (siehe Abb. 5-8). Der Folienschlauch ist mit Ausblasöffnungen versehen, die schräg nach unten gerichtet sind. Dies bewirkt eine gleichmäßigere Wärmeverteilung im Gewächshaus und verringert den Energieverbrauch im Vergleich zu einer hohen Rohrheizung um etwa 15 % (siehe Abb. 5-7).

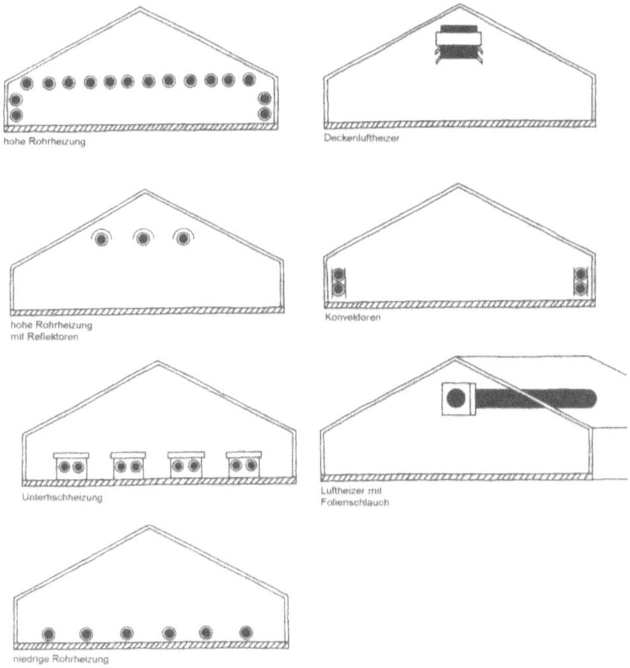

Abbildung 5-8: Heizungssysteme im Gewächshaus.

Rohrheizungssysteme

Die hohe Rohrheizung ist im Dachbereich mit z.T. großem Abstand zu den kultivierten Pflanzen angebracht und besteht üblicherweise aus Stahlrohren mit 51 mm Durchmesser und ca. 1 m Abstand zueinander (siehe Abb. 5-8). Allein mit hoher Rohrheizung ist in Gewächshäusern eine Temperaturdifferenz zwischen innen und außen von 30 K im Heizfall nicht zu halten. Deshalb werden meist zusätzlich noch 4 - 6 Rohren an den Seiten installiert. Bei Gewächshauskonstruktionen mit einer Stehwandhöhe von 4 - 5 m wird der Abstand einer hohen Rohrheizung zur Kultur sehr groß. Die Zirkulation der Luftströme reißt ab bzw. erreicht nicht mehr die bodennahen Schichten (siehe Abb. 5-9).

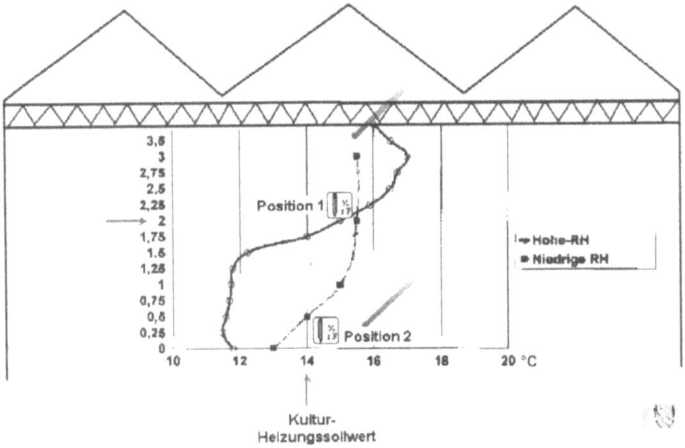

Abbildung 5-9: Auswirkung der Rohrposition auf die Wärmeverteilung.

Bewegliches System

In den letzten Jahren haben bewegliche niedrige Rohrheizungssysteme, sog. Hebe-Senk-Heizungen, die Vegetationsheizung abgelöst. Bei der Kultur in Grundbeeten, besonders bei Topfpflanzen, werden die Heizrohre an Drahtseilen aufgehängt und bei Kulturarbeiten angehoben. So behindern sie nicht bei notwendigen Arbeiten und können nachts bei Heizbetrieb nah an die Kultur gebracht werden. Mit diesem System kann der relative Wärmeverbrauch auf ca. 82 % reduziert werden gegenüber einem hohen Rohrheizungssystem (vgl. Abb. 5-7). Besonders bei hohen Gewächshäusern mit Mobil- und Rolltischsystemen ist eine Hebe-Senk-Heizung zu empfehlen, da der Wärmetransport in den

Pflanzenbestand gegenüber einer Rohrheizung deutlich verbessert werden kann.

Je pflanzennäher ein Heizungssystem verlegt wird, um so enger muss die Temperaturspreizung zwischen Vorlauf- und Rücklauftemperatur sein. Vegetationsheizungen, aber auch pflanzennahe Hebe-Senk-Heizungen sollten nicht mehr als 5 K Temperaturdifferenz haben. Für andere Heizungssysteme sollte mit einem maximalen Temperaturunterschied von 10 K geplant werden. Die Gleichmäßigkeit der Temperaturverteilung ist für ein gleichmäßiges Pflanzenwachstum und zur Vermeidung von Taupunktunterschreitung erforderlich.

Strahlungsheizung

Dunkelstrahlerheizungen, wie sie z.B. aus der Hallenheizung bekannt sind, werden im deutschen Produktionsgartenbau bisher in Forschungs- und Pilotprojekten untersucht. Ob damit tatsächlich Einsparungen zu erzielen sind, kann derzeit nicht beantwortet werden. Untersuchungen im Rahmen dieses Projektes zeigen, dass besonders das Regelverhalten und die Gleichmäßigkeit der Wärmeverteilung noch optimiert werden müssen.

Betriebsweise der Heizungsanlage

Neben der Bauart des Heizungssystems ist für die Qualität der Beheizung auch deren Betriebsweise von Bedeutung. Die Mindestforderung dafür besteht aus einer Kombination von einem Drei-Wege-Mischer und einer Pumpe. Die Pumpe kann in der Minimalausstattung über den elektronischen Gewächshausthermostaten geschaltet und der Mischer per Hand je nach Bedarf, Jahreszeit und Außentemperatur voreingestellt werden. Die Temperaturabweichungen im Gewächshaus sinken dadurch auf unter 2 °C. Durch die Ergänzung des Mischers mit einem Stellmotor kann über ein Regelgerät die nötige Vorlauftemperatur für das Heizungssystem eingestellt und über lange Pumpenlaufzeiten und angepasste Vorlauftemperatur eine gleichmäßige Temperaturverteilung im Gewächshaus erreicht werden. Durch die Umstellung von der einfachen Pumpensteuerung zur Motormischerregelung kann eine Einsparung von über 25 % erreicht werden.

5.1.2.7 Heizungsregelung

Bei der Planung, Ausführung, hydraulischen Einbindung und Regelung von Heizungsanlagen für den Gartenbau sind folgende Punkte zu beachten (siehe Abb. 5-10):

- Die Heizungsanlagen benötigen i.d.R. ein großes Wasservolumen und reagieren damit relativ träge.

Besondere Anforderungen für den Gartenbau

- Durch die Erwärmung der Gewächshäuser bei hoher Einstrahlung ist eine für den Wohnungsbaubereich übliche außentemperaturabhängige Kesselregelung nicht ausreichend.
- Da im Heizkreis der Gewächshäuser keine veränderlichen Volumenströme auftreten, sondern nur in den Zu- und Ringleitungen, ist der Einsatz von lastabhängig regelbaren Umwälzpumpen zur Stromeinsparung nur in Zu- und Ringleitungen sinnvoll.
- Um Umwälzpumpen mit geringen Leistungsaufnahmen einsetzen zu können, ist eine ausreichende Dimensionierung der Zuleitungen zu berücksichtigen. Dieses wird in der Praxis nach wie vor zu wenig beachtet.
- Zur Minimierung des Strombedarfs sollte die Zuleitung als bedarfsabhängig geführte Verteilerleitung betrieben werden (Zuleitung ohne Kurzschluss am Ende). Hierfür ist eine entsprechende Abstimmung der Regelung erforderlich.

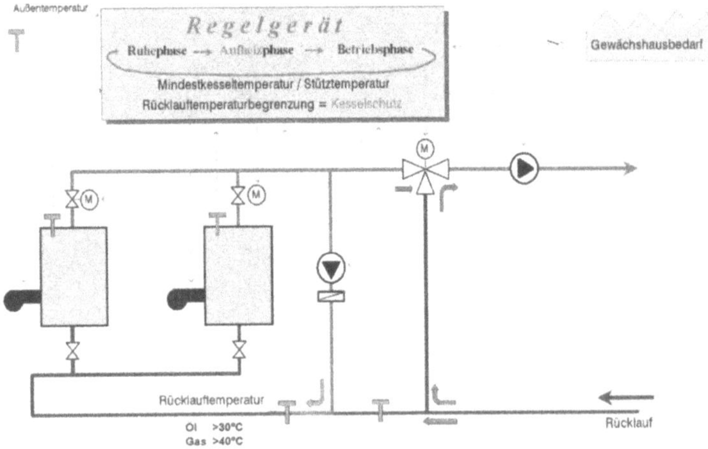

Abbildung 5-10: Hydraulische und regeltechnische Kesseleinbindung im Heizkreislauf.

Bei der Heizungsregelung sind drei Betriebszustände zu unterscheiden:

Ruhephase	=	kein Heizenergiebedarf
Aufheizphase	=	besonders hoher Energiebedarf
Betriebsphase	=	normaler Heizbetrieb

Angepasste Regelung

Zur Reduzierung der Wärmeverluste und des Strombedarfs sollten während der **Ruhephase** die Versorgungspumpen sowie die Kesselbeimischpumpen ausgeschaltet werden (siehe Abb. 5-11).

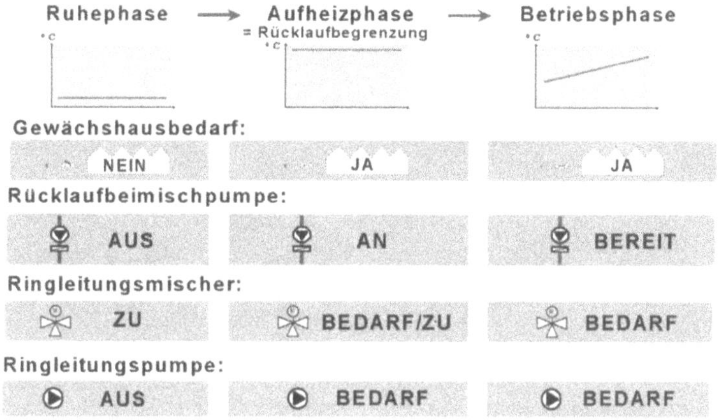

Abbildung 5-11: Betriebsphasen des Heizkessels.

In der **Aufheizphase** werden die Gewächshäuser i.d.R. nicht genügend mit Wärme versorgt. Je nach Empfindlichkeit der Kulturen können hierdurch Kulturprobleme entstehen. Deshalb sollte für die Auslegung der Kesselleistung mit einem Zuschlag auf den Gewächshauswärmebedarf gerechnet werden. Die Höhe ist dabei von den Kulturansprüchen und der eigenen Risikobereitschaft abhängig. Die Dauer der Aufheizphase lässt sich durch den Einsatz eines temperaturtoleranteren, mehrschaligen Niedertemperaturkessels reduzieren (vgl. Abb. 5-11).

Laufzeiten von Pumpen reduzieren

In der **Betriebsphase** kann durch den Klimacomputer die Kesseltemperatur direkt über den Wärmebedarf der Gewächshäuser geregelt werden. Dabei sind sowohl die notwendige Vorlauftemperatur als auch die damit verbundene Wärmeabgabe berechenbar. Steht nur eine Analogregelung zur Verfügung, kann die Außentemperatur mit Lichtaufschaltung eine brauchbare Führungsgröße für die Regelung des Kessel- bzw. Zuleitungskreises darstellen. Weiterhin sollte die Rücklaufbeimischpumpe nicht ständig durchlaufen, sondern nur bei Bedarf zuschalten. Durch eine gute Heizungsregelung lassen sich Stromkosten von bis zu 500 EURO pro Jahr einsparen.

Die oben beschriebene optimierte Funktionsweise lässt sich auch mit einer Standardkesselregelung durch spezielle Anpassungen realisieren (siehe Abb. 5-.12).

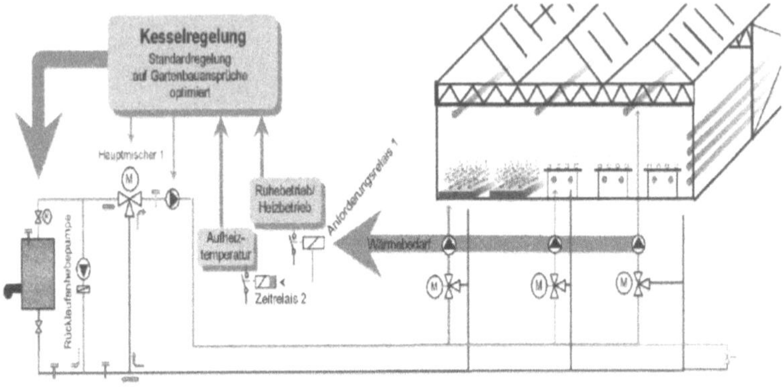

Abbildung 5-12: Angepasste Standardkesselregelung.

Kesselregelung

Wenn ein Klimacomputer eingesetzt wird, kann bei Kesselzentralen mit Niedertemperaturkesseln auf den Hauptmischer verzichtet werden. Die Begrenzung der kalten Rücklaufwassermenge kann durch das Schließen der Motormischer der einzelnen Regeleinheiten über den Klimacomputer automatisiert werden. Anhand des berechneten Wärmebedarfs wird automatisch zwischen Ruhe-, Aufheiz- und Betriebsphase unterschieden.

Ringleitung

Durch das Schließen der Ringleitung können einerseits die Wärmeverluste reduziert, andererseits mit dem kalten Rücklaufwasser ein Abgaskondensator versorgt werden. Um die Aufheizphase zu verkürzen, kann z.B. das Motorventil für kurze Zeit geöffnet und damit schneller warmes Wasser zu den Gewächshäusern gebracht werden.

Auswahl des Heizkessels

Für die Umsetzung der beschriebenen Regelanpassungen sind die am Markt angebotenen Kessel unterschiedlich geeignet. Die besten Voraussetzungen bieten Niedertemperaturheizkessel, da bei ihnen die Kesseltemperatur standardmäßig zwischen 40 bis 90 °C geregelt werden kann. Heizkessel mit angehobener, konstanter Wassertemperatur sind preiswerter, verursachen aber höhere Abstrahlungsverluste.

5.1.2.8 Klimaregelung

Regelcomputer gehören mittlerweile zum Standard im Produktionsgartenbau. Sie werden für die Klimaregelung, für die Bewässerung und die Düngung eingesetzt. Die Grundfunktionen einer Klimaregelung (Heizung, Lüftung, Energieschirm und Schattierung) können auch für einzelne Abteilungen mit Regelcomputern gelöst werden (siehe Abb. 5-13).

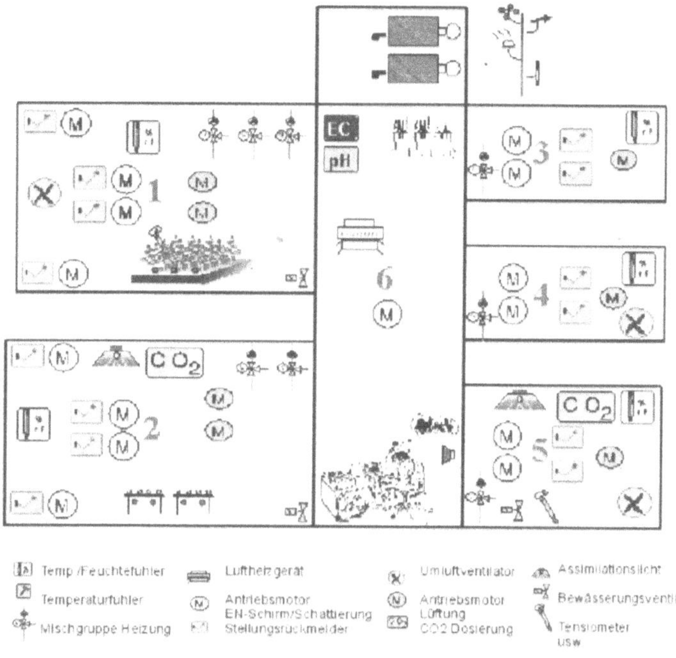

Abbildung 5-13: Übersicht über Regelbereiche in einem Betrieb.

Die Hardware von Industrieregelcomputern ist zwar für den Einsatz für den Gartenbau geeignet, Regelfunktionen und Programmumfang entsprechen aber nur selten den gartenbauspezifischen Anforderungen, weshalb meist nur spezialisierte Anbieter in Frage kommen.

Übersichtliche Bedienung

Für eine übersichtliche Bedienung sind neben numerischen auch grafische Darstellungen von Soll- und Ist-Werten im zeitlichen Verlauf erforderlich. Der Tagesverlauf voneinander abhängiger Sollwerte lässt fehlerhafte Benutzereingaben frühzeitig erkennen und korrigieren. Mit Hilfe einer Langzeitdatenspeicherung können zudem Sollwerteinstellungen zurückverfolgt und für künftige Anwendungen angepasst werden.

Sensoren

Die Qualität der Sensoren für die Messung der Klimafaktoren ist ausschlaggebend für das Regelergebnis. Der Temperatur- und Feuchtemessung kommt dabei eine besonders große Bedeutung zu. Da eine direkte Messung an der Pflanze bisher nicht praktikabel ist, wird über die Messung in der Gewächshausluft auf die Pflanzenbedürfnisse geschlossen. Entscheidend für die Regelgüte ist eine möglichst repräsentative Messung von Temperatur und Luftfeuchte.

Strahlungsschutz und Ventilation für genaue Messungen

Eine grundlegende Forderung für den Temperaturfühler ist ein ausreichender Strahlungsschutz. Die genaueste Messung kann mit einer Messbox mit Strahlungsschutz und Ventilation erfolgen (Abb. 5-14 und 5-15).

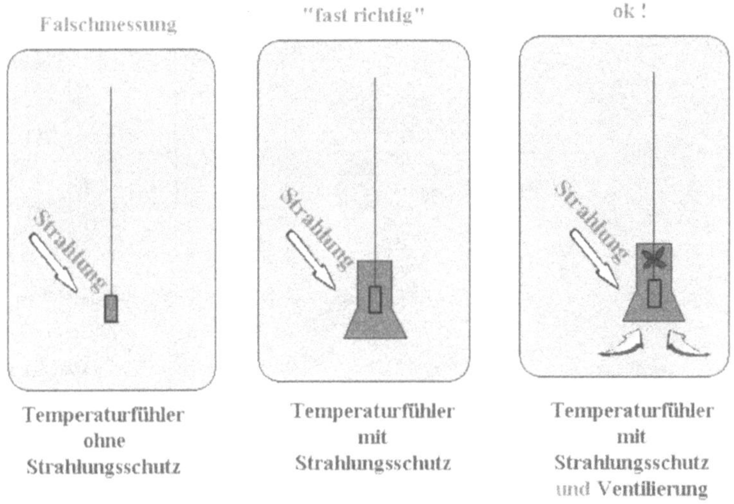

Abbildung 5-14: Temperaturfühler im Vergleich.

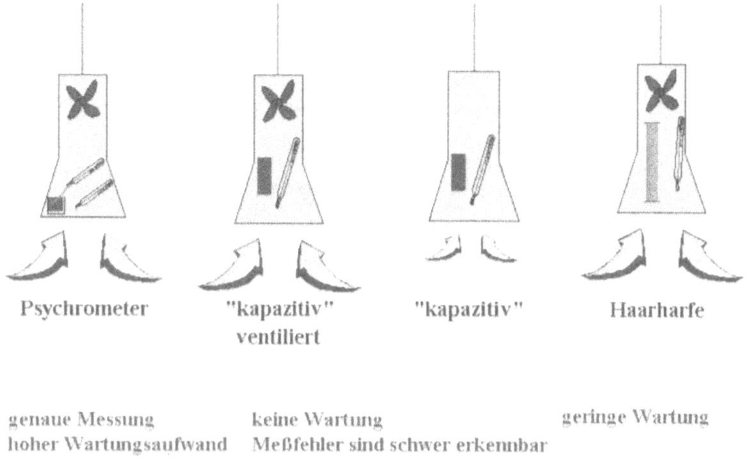

Abbildung 5-15: Feuchtefühler im Vergleich.

Für eine genaue Regelung ist die regelmäßige Wartung und Kontrolle der Fühler und Messtechnik erforderlich. Weiterhin müssen die Sensoren möglichst pflanzennah und ohne Behinderung angebracht werden, um Messabweichungen zu minimieren.

Einsparungspotenzial nutzen

Durch die Implementierung von Modellen, die Pflanzenwachstum und Energieverbrauch miteinander verknüpfen, könnten in Zukunft Energieeinsparungen in Höhe von 10 – 20 % realisiert werden. Für diese Klimaregelstrategien entfallen einerseits bislang notwendige Einstellungen am Klimacomputer, andererseits erfordert die Nachkontrolle das Erkennen komplexer Regelzusammenhänge und gestaltet sich damit immer schwieriger.

5.1.2.9 Energiesparende Bewässerungssysteme

Sowohl die Pflanzen als auch die feuchten Flächen geben bei der Verdunstung von Wasser im Gewächshaus Wärme an die Gewächshausluft ab. Die im Wasserdampf enthaltene Energie wird durch Kondensation an die Innenflächen der Gewächshaushülle und durch Luftwechsel über Lüftungsöffnungen und Undichtigkeiten an die Außenluft abgegeben. Da nach Durchführung von Maßnahmen zur Wärmedämmung bei unveränderter Bewässerungstechnik die relative Luftfeuchte im Gewächshaus steigt, ist es erforderlich die Wasserdampferzeugung möglichst gering zu halten, um damit auch die Verluste durch Kondensation zu senken. Wassersparende Bewässerungssysteme, durch die eine andauernde Befeuchtung großer Flächenanteile vermieden werden kann, sind also gleichzeitig energiesparende Systeme.

Diese Forderung wird im wesentlichen von folgenden Bewässerungsverfahren erfüllt:

- Tropfbewässerung
- Rinnenbewässerung
- Fließrinne und –tisch
- Ebbe-/Flut-Anlagen

Einsparungs-potenzial

Nach Umstellung von Mattenbewässerung auf ein Tropfsystem kann nach SCHOCKERT (in VON ZABELTITZ, 1982) mit 5 – 10 % weniger Energieverbrauch gerechnet werden. Neben der Senkung der Heizenergie bewirken diese Bewässerungssysteme eine weitere Einsparung beim Wasser- und Düngerverbrauch, wodurch indirekt ebenfalls der Energieeinsatz reduziert wird.

5.1.3 Nutzung regenerativer Energiequellen

Die Verwendung regenerativer Energien im Gartenbau wurde bereits seit den 80er Jahren in zahlreichen Projekten untersucht.

Da der Energieverbrauch in den Gewächshäusern sowohl im Sommer-, Winter-, als auch im Tag-Nacht-Rhythmus sehr starken Schwankungen unterliegt und damit oft ein bivalenter Heizbetrieb nötig ist, sind für den Einsatz regenerativer Energien sorgfältige Planungen und Auslegungen erforderlich. Informationen und Hilfestellungen dazu können bei den im Anhang genannten Adressen angefordert werden.

Für den Gartenbau kommen vorwiegend folgende Energiequellen in Frage:

- Solarenergie,
- Biomasse (Holz, Stroh, Biogas) und
- Abwärme aus Industrieprozessen.

Andere regenerative Energieträger, wie Geothermie, Wasserkraft und der Einsatz von Wärmepumpen sind von untergeordneter Bedeutung, da ihre Nutzung sehr stark standortgebunden ist bzw. im benötigten Leistungsbereich noch zu hohe Investitionen erfordert.

5.1.3.1 Solarenergie

Solarenergie trägt am Tage einen erheblichen Teil zur Beheizung eines Gewächshauses bei, da es durch die Sonneneinstrahlung zu einem nennenswerten Anstieg der Innentemperatur kommt. Die zeitliche Verschiebung zwischen Energiebedarf und Energieangebot ist eines der Hauptprobleme der Solarenergienutzung im Gartenbau. Deshalb sind die möglichen Speicherbauarten und -dimensionen ein begrenzender Faktor. Wegen der erforderlichen großen Dimensionierung für Langzeitspeicher kommt aus Kostengründen für den Gartenbau nur eine Kurzzeitspeicherung (Tag-Nacht) in Frage. Dafür wird bei einem gutisolierten Gewächshaus und 14 °C Innentemperatur ein Speichervolumen von mindestens 200 l Wasser pro m^2 Gewächshausgrundfläche empfohlen (DAMRATH, in VON ZABELTITZ, 1982).

Gewächshaus als Kollektor

Durch seine Bauweise und transparente Eindeckung stellt jedes Gewächshaus selbst einen Kollektor dar. Statt überschüssige Wärme bei hinreichender Einstrahlung am Tage durch Lüften aus dem Gewächshaus abzuführen, kann diese Energie für die Beheizung in der Nacht nutzbar gemacht werden, indem die Überschusswärme in einen Speicher eingebracht wird. Da jedoch die Pflanzenproduktion der Hauptzweck des Gewächshauses ist, entstehen gewisse Nachteile der Nutzung für die Solarenergie:

1. Der Anstellwinkel des Kollektors (Pflanzenbestand) ist unveränderlich bei 0 °.
2. Die Fläche des Gewächshauskollektors liegt fest.
3. Das Innenklima ist geregelt und muss sich innerhalb der pflanzenverträglichen Grenzen (ca. 10 – 30 °C) bewegen.
4. Ein nennenswerter Teil der eingestrahlten Energie geht bedingt durch die Transpiration der Pflanzen und den notwendigen Luftwechsel verloren.
5. Das Gewächshaus kann aus pflanzenphysiologischen Gründen nicht vollständig dicht gehalten werden.

Die eingestrahlte Solarenergie im Gewächshaus lässt sich bei Heiztemperaturen von 18 °C in der Zeit von Mai bis September anteilig zur Deckung des Heizbedarfs nutzen. In den übrigen Monaten besteht zusätzlicher Heizbedarf (vgl. Abb. 5-16).

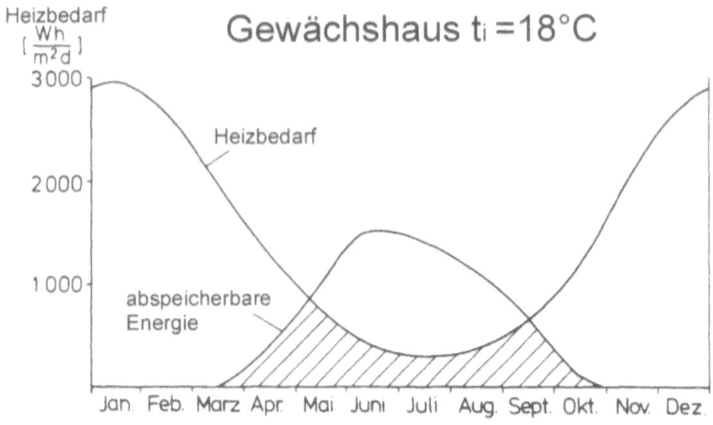

Abbildung 5-16: Heizbedarf und speicherbare Energie (DAMRATH in VON ZABELTITZ, 1982).

Kollektoren außerhalb des Gewächshauses

Wie aus Abb. 5-17 ersichtlich, sind wegen des hohen Wärmebedarfs von Gewächshäusern große Kollektorflächen notwendig, um den Jahreswärmebedarf zu decken. Soll der Wärmebedarf von Anfang Mai bis Mitte September durch Kollektoren gedeckt werden, so kann von einer Kollektorfläche ausgegangen werden, die ca. der Gewächshausgrundfläche entspricht. Andererseits kann nur bei kleiner Kollektorfläche (zum Beispiel 10 %) das volle Energieangebot des Kollektors zur Gewächshausbeheizung genutzt werden.

Aufgrund des großen Flächenbedarfs für herkömmliche Kollektoren und der erforderlichen großen Speichervolumen ist der Einsatz von Solarenergie für die Beheizung von Gewächshäuser in Deutschland bisher nur bedingt wirtschaftlich nutzbar.

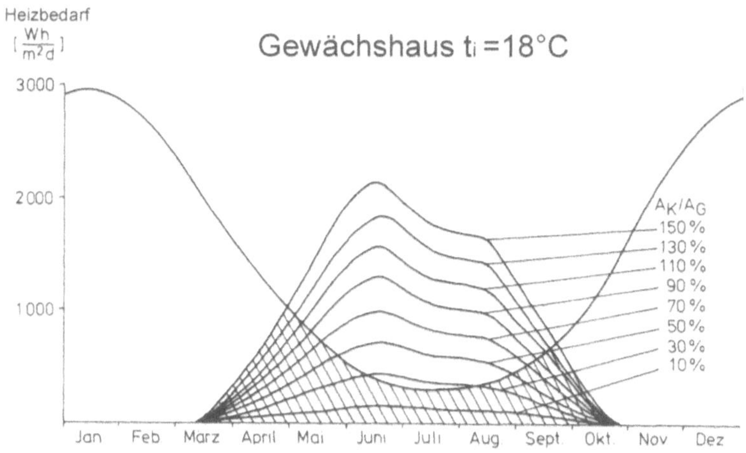

Abbildung 5-17: Heizbedarf eines Gewächshauses und von verschiedenen Kollektorflächen gelieferte Energie (DAMRATH in VON ZABELTITZ, 1982) (A_K = Kollektorfläche, A_G = Gewächshausgrundfläche).

Fotovoltaik

Eine Entwicklung im Bereich der Fotovoltaik ermöglicht in Zukunft eventuell die Erzeugung von Strom aus Solarenergie auf Gewächshausanlagen. (SCHÜCO, 2001). Die neuentwickelten teiltransparenten Zellen sollen in herkömmliche Sprossenprofile eingesetzt werden können. Somit wäre mit ihnen die Eindeckung von Arbeitshallen oder Gewächshausverbinder denkbar. Der erzeugte Strom könnte dann den betrieblichen Strombedarf decken bzw. in das öffentliche Netz eingespeist werden.

5.1.3.2 Windenergie

Der Jahresverlauf des Windenergieangebotes entspricht dem Verlauf des Heizenergiebedarfs mit seinem großen Maximum im Winter und dem geringen Bedarf im Sommer. Daher wäre eine Nutzung der Windenergie für die Deckung des Wärmebedarfs von Gewächshäusern nutzbar.

Aufgrund der erforderlichen Investitionen und hohen Wärmeverluste bei der Umwandlung der mechanischen Leistung in Wärmenergie ist der Einsatz von Windenergie für die Beheizung von Gewächshäusern bei heutigen Energiepreisen nicht wirtschaftlich. Die Nutzung der Windenergie fällt überwiegend unter den Bereich der kommerziellen Stromerzeugung.

5.1.3.3 Biomasse

Für die Deckung des Heizenergiebedarfs in Gartenbaubetrieben mit biogenen Festbrennstoffen ist sowohl die Liefersicherheit bei gleich bleibenden Brennstoffeigenschaften und -qualitäten als auch eine für die nächsten Jahre kalkulierbare Preisentwicklung bei transparenten Marktpreisen erforderlich.

Holz

Für den Holzbrennstoff werden in letzter Zeit enorme Anstrengungen von Seiten der Politik und der Produzenten bzw. Lieferanten unternommen, um den Absatz auf dem thermischen Brennstoffmarkt zu festigen und auszubauen. Zum einen konnte in den letzten Jahren die Kesseltechnik, insbesondere die Überwachung der Verbrennungsvorgänge, durch kostengünstige und wartungsarme Messgeräte erheblich verbessert werden. Somit ist es möglich, die geltenden Emissionswerte zu unterschreiten. Zum anderen hat der Anstieg der Brennstoffkosten bei Heizöl und Erdgas ab dem Jahr 1999 den Brennstoff Holz konkurrenzfähig werden lassen.

Zur Zeit werden nach Aussagen von Experten der Waldwirtschaft noch mehr als 50 % des jährlichen Holzzuwachses in der Bundesrepublik nicht genutzt. Diese Holzmengen stellen für den Gartenbau ein ausreichend großes Potenzial für die energetische Verwertung dar.

Bei der Planung von Holzfeuerungsanlagen sind allerdings nachfolgend ausgeführte Punkte zu berücksichtigen.

Transportentfernung nicht über 80 km

Zunächst muss geprüft werden, ob für den Standort des Betriebes ein kostengünstiger Holzbrennstoff in ausreichender Qualität und Menge vorhanden ist. Dabei sollte die Entfernung für den LKW-Transport nicht über 80 km betragen, ansonsten steigt der Transportkostenanteil für den Brennstoff frei Bunker zu stark an (SENNEKAMP, 2001).

Die Qualität des Holzbrennstoffs hat weitreichende Auswirkung auf die Anlagentechnik. Beim Einsatz trockener naturbelassene Späne ist die Beschickung und die Feuerung anders auszuführen als bei feuchten Hackschnitzeln.

Zur Zeit steht ausreichend naturbelassenes Holz mit einer akzeptablen Restfeuchte aus Sägewerken und feuchteres Hackschnitzelmaterial aus Astholz zur Verfügung. Als Richtwert gilt, dass 2,5 kg trockenes Holz einem Liter Heizöl EL entsprechen (bezogen auf H_u). Anhand Abbildung 5-18 kann eine Korrektur des Heizwertes entsprechend der Restfeuchte des Holzmaterials vorgenommen werden.

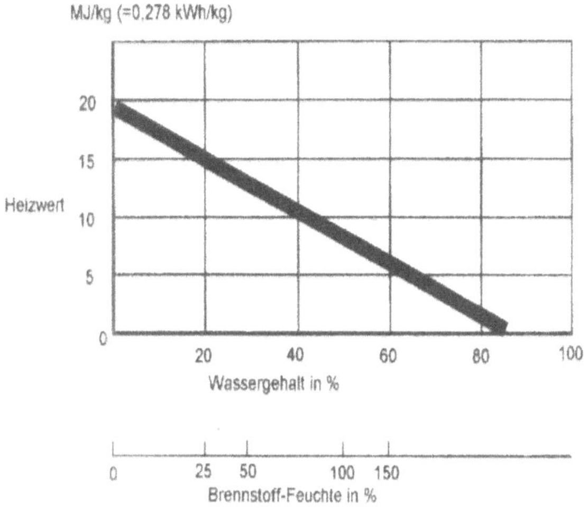

Abbildung 5-18: Abhängigkeit zwischen Wassergehalt bzw. Brennstofffeuchte und Heizwert bei Holz (HARTMANN, 2000).

Dimensionierung der Kesselleistung

Für die Auslegung der Lastanteile bei Brennstoffumstellungen im Gartenbau ist es sinnvoll, nur eine Teilmenge der erforderlichen Kesselkapazität umzustellen. Als Empfehlung sollte die Kesselanlage für Festbrennstoffe auf einen Anteil von 40 – 60 % des maximalen Wärmebedarfes dimensioniert werden.

Eine solche Anlage erreicht ca. 2.500 bis 2.800 Volllaststunden pro Jahr. In der Praxis werden damit 70 – 85 % des Verbrauchs an fossiler Energie substituiert. Der Spitzenwärmebedarf kann mit dem bisherigen Brennstoff und der vorhandenen Kesselanlage abgedeckt werden.

Es hat sich als sinnvoll erwiesen, für 70 % des errechneten Brennstoffbedarfs eine Lieferverpflichtung zu vereinbaren. Die restlichen 30 % geben einen Spielraum für den tatsächlichen Verbrauch und ermöglichen den Zukauf von preiswerteren Brennstoffen.

Für die betriebswirtschaftliche Bewertung einer Brennstoffumstellung ist es wichtig, welche Heizölmengen durch das ermittelte Brennstoffvolumen ersetzt werden können. Die Tabellen 5-5 und 5-6 geben einen Überblick über die im Gartenbau verwendeten Brennstoffe. Der Vergleichsölpreis in Tab. 5-5 liefert einen Anhaltswert, bei welchen Preisen für Heizöl El der jeweilige Brennstoff die gleichen Kosten verursachen würde. Am Beispiel Holzhackschnitzel bedeutet dies, dass bei einem Preis von 0,17 EURO/l Heizöl und 10,20 EURO/m³ für Hackschnitzel die gleichen Kosten für den Brennstoffbezug entstehen. Dabei sind die erforderlichen Investitionen in Kesselanlagen nicht weiter berücksichtigt.

In Tabelle 5-6 sind die bei der Verbrennung anfallenden Aschegehalte verschiedener Brennstoffe aufgeführt. Die Angaben beziehen sich auf den trockenen Zustand bei Holz und bei Stroh.

Tabelle 5-5: Brennstoffe im Vergleich (HEISE, 2001).

		Heizwert kWh/Einh.	**Preis** EURO/Ein.	**Jahresnutzungsgrad**	**Wärmekosten** EURO/MWh	**Vergleichsfaktor**	**Vergleichsölpreis** EURO/l
Heizöl EL	l	10,20	0,434	0,86	49,55	1,00	0,43
Propan Abnahme 15t	kg	12,87	0,4935	0,88	43,56	0,77	0,38
Propan Abnahme 5t	t	6,88	0,419	0,88	68,96	1,45	0,61
Anthrazit Nuss 5	kg	8,84	0,166	0,82	22,93	1,27	0,21
Brechkoks	kg	7,21	0,138	0,82	23,35	1,56	0,21
Gasflamm-kohle	kg	8,02	0,127	0,82	19,43	1,40	0,18
Importkohle	kg	7,21	0,087	0,82	14,70	1,56	0,14
Holz*	m³	726,00	10,22	0,80	17,61	0,017	0,17
Erdgas H	m³	10,36	0,307	0,88	33,65	0,96	0,30

* Heizwert schwankt je nach Feuchtegehalt

Tabelle 5-6: Feuerungstechnische Eigenschaften biogener Festbrennstoffe (verändert nach HARTMANN, 1999).

Brennstoffe	**Heizwert H_u**	**Flüchtige Bestandteile**	**Aschegehalt**
	MJ/kg	Gew.%	Gew.%
Holz mit Rinde	18,6	80,0 - 84,0	0,4 - 2,2
Stroh	17,2	75,2 - 77,3	4,8 - 6,7
Getreidekörner	17	80.0 - 81,0	2,1 - 2,7

Das Brennstoffvolumen bei Holz ist im Vergleich zu anderen Festbrennstoffen erheblich größer. Bezogen auf den Heizwert von Kohle ist bei Holz je nach Feuchte das 1,7- bis 2-fache Volumen zur Erlangung der gleichen Heizenergie zu transportieren (vgl. Tab. 5-7).

Tabelle 5-7: Schütt- und Stapeldichte von Brennstoffen für den Gartenbau (HARTMANN, 1999).

Brennstoffe	**Schütt- und Stapeldichte** [kg/m³]
Scheitholz, gestapelt*	300 – 475
Hackschnitzel,Weichholz*	195 – 260
Rinde, Nadelholz*	205 – 320
Sägemehl*	170
Hobelspäne*	90
Strohbunde, eckig	140 – 160
Strohbunde, Rundballen	85 – 100
Getreidekörner	760
Holz- Pellets	500 – 600

* bei 15 % Wassergehalt

Dies bedeutet, das bei einer Ladekapazität von max. 80 m^3/ Lieferung entsprechend viele LKW-Anlieferungen in der Heizperiode anfalle. Hierfür sind ausreichend Entlade- und Rangierflächen

Anforderungen an das Brennstofflager

einzuplanen. Für das Brennstofflager gelten folgende Anforderungen:

- überdachter Lagerplatz für Reservemengen;
- min. 2 befestigte Wände am Lagerplatz,
- rechteckige Grundfläche des Bunkers,
- Bunkervolumen mit 1,5-fachen Liefervolumen,
- betonierte Bodenplatte,
- eingelassener Bunker für höheren Füllgrad.

Ein geeignetes Lagersystem, ist die Bunkerentleerung mit Schubbodentechnik (siehe Abb. 5-19). Der Bunkerboden muss aus einer festen Betonplatte bestehen, auf die an der Entnahmeseite Festpunkte für die Hydraulikzylinder gedübelt werden können. Das lose Schüttgut fällt im Bereich der Hydraulikzylinder in eine tieferliegende Ebene, in der sich ein Förderband oder eine -schnecke befindet, die den Brennstoff zum Kessel transportiert. Eine Kesselbeschickung durch eine offene Förderbandanlage verursacht im Vergleich zu einer geschlossenen Schnecken- oder Spiralenfördertechnik kaum Störungen. Die Kosten für eine Förderbandanlage sind zwar höher, dafür kann aber unterschiedlich großes Gut problemlos befördert werden.

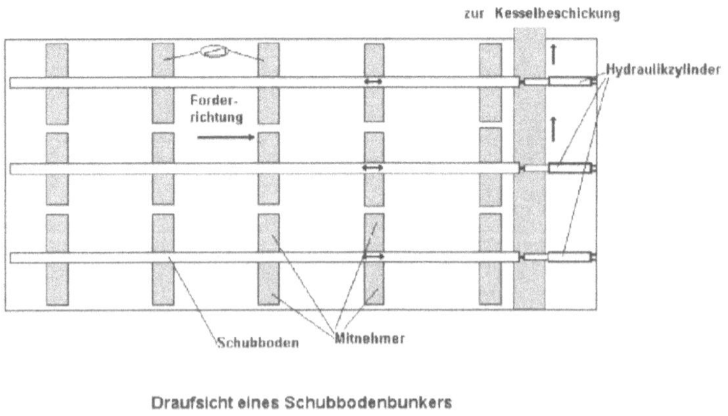

Abbildung 5-19: Prinzip eines Schubbodenbunkers (SENNEKAMP, 2001).

Verbrennungstechnik

Die auf dem Markt befindlichen Holzkessel für den Gartenbau lassen sich in 2 Gruppen einteilen.

Kessel mit Vortrocknung

Bei dieser Kesselgruppe ist die Trocknungs- und Vergasungskammer der Hauptbrennkammer des Kessels vorgelagert (siehe Abb. 5-20). Der Brennstoff gelangt aus der Beschickung in eine Vorkammer, in der das Brenngut mit einer geringen Verbrennungsluftmenge gemischt wird, die nur eine Trocknung und Vergasung des Holzes bewirken kann. Hierfür reichen Umgebungstemperaturen von ca. 200 °C aus. Die Vergasungskammer ist in der Regel mit feuerfesten Steinen ausgekleidet, welche durch ihre Wärmespeicherung den Trocknungs- und Vergasungsprozess stabilisieren helfen. Die brennbaren Gase gelangen aus der Vorkammer in die Hauptbrennkammer des Kessels, in der unter Primär- und Sekundärluftzufuhr die eigentliche Verbrennung stattfindet. Die Feuerraumtemperatur liegt in diesem Bereich zwischen 900 und 1.300 °C. Sie kühlt bis zum Ende der Brennkammer auf 600 - 700 °C ab. Die Restwärme wird in den nachgeschalteten Rauchgaszüge bis auf ca. 140 - 160 °C an das Heizungswasser abgegeben.

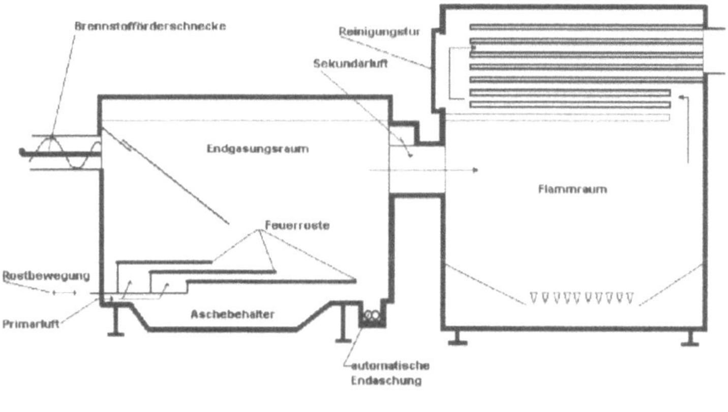

Abbildung 5-20: Holzkesselbauart mit Entgasungsvorkammer (SENNEKAMP, 2001).

Kessel ohne Vortrocknung

Bei der zweiten Kesselgruppe ist die Vorkammer im Kesselkörper integriert. Ein Holzkessel mit Vorkammer ist i.d.R. niedriger gebaut als ein Kessel mit integrierter Vergasungseinheit. Dies kann bei niedrigen Heizräumen von Bedeutung sein.

Bei den meisten Kesselanlagen wird durch Temperaturfühler die Brennraum- und die Abgastemperatur sowie die O_2-Konzentration kontinuierlich gemessen und entsprechend die Primär- und Sekundärluftmenge stetig angepasst. Dadurch wird eine gute Verbrennung auch bei unterschiedlicher Brennstoffqualität sichergestellt. Eine regelmäßige Reinigung der Rauchgaszüge ist besonders bei waagerecht angeordneten Zügen empfehlenswert.

Abgasreinigung

Da bei der Holzverbrennung ein hoher Teil von flüchtigen Bestandteilen entsteht, muss eine Entstaubungsanlage die Abgase reinigen (siehe Tabelle 5-8). Entsprechend der Bundesimmissionsschutzverordnung (4.BImSchV) darf die Staubbelastung im Abgas bis zu einer Feuerungsleistung von 930 kW bei automatisch beschickten Feuerungen 150 mg/Nm^3 nicht überschreiten.

Tabelle 5-8: Grenzwerte für Staubanteil in der Asche (OBENBURGER, 1995; RUCKENBAUER, 1996).

	Staubanteil (%)			
Asche-Fraktionen	Rinden-feuerung	Hackschnitzel-feuerung	Späne-feuerung	Stroh-feuerung
Rostasche	65 – 85	60 - 90	20 - 30	80 - 90
Zyklonasche	10 – 25	10 - 30	50 - 70	2 - 5
Feinst-flugasche	2 – 10	2 - 10	10 - 20	5 - 15

Je nach Anteilen der im Abgas enthaltenen Staubkorngrößen können unterschiedliche Entstaubungstechniken eingesetzt werden (siehe Abb. 5-21).

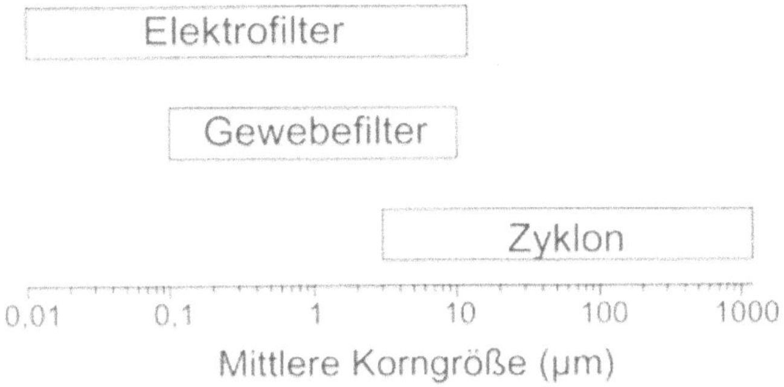

Abbildung 5-21: Einsatzbereiche von Staubabscheidern (IVD).

Multizyklonentstauber nur bei Kesselanlagen < 1 MW

Die Wirkung bzw. der Reinigungsgrad eines Zyklonentstaubers ist im wesentlichen abhängig von der Korngröße der Staubpartikel, der Zyklongeometrie und dem Volumenstrom, mit dem sich die Abgasgeschwindigkeit und der Druckverlust im Zyklons verändert. Durch eine geringere Strömungsgeschwindigkeit ergibt sich ein schlechter Entstaubungsgrad, z.B. im Teillastbetrieb der Kesselanlage. Um einen hohen Abscheidungsgrad bei hoher Strömungsgeschwindigkeit in verschiedenen Teillastbereichen zu erzielen, wird der Gasstrom auf mehrere kleine, parallel geschaltete Zyklone aufgeteilt (Multizyklon). Bei Kesselanlagen mit einer Feuerungsleistung über 1 MW kann der Grenzwert von < 80 mg/Nm^3 nur durch den Einsatz von Gewebefilter eingehalten werden.

Gewebefilter

Als Filtermaterial kommen Gewebe aus Natur- und Kunstfasern, anorganischem und metallische Fasermaterial zum Einsatz. Die Gewebedichte beeinflusst, welche Partikel im Gewebe festgehalten und ausgesiebt werden. Die typische Einsatztemperatur von Gewebefiltern liegt bei 120 – 240 °C. Die untere Temperaturgrenze muss eingehalten werden, um ein Festbacken der hygroskopischen Partikel am Filtergewebe zu verhindern. Ein Gewebefilter muss in jedem Fall vor Funkenflug geschützt werden. Wenn ein Zyklonfilter vorgeschaltet ist, wird der Funkenflug innerhalb des Zyklon sicher abgefangen.

Ascheverwertung

Der Aschenanteil verschiedener Hölzer liegt zwischen 0,5 und 12 % TS. In der Asche sind noch brennbare Rückstände bis zu 3 % enthalten, die einer weiteren thermischen Verwertung z.B. in der

Zementindustrie zugeführt werden können. Bei einer Liefermenge von 20 t werden derzeit je nach Entfernung zwischen 7,70 und 10,20 EURO/t gezahlt.

Stroh

Techniken für die Holzverbrennung sind ohne eingehende Erprobung nicht ohne weiteres auf die Strohverbrennung zu übertragen. Der hohe Anteil an flüchtigen Bestandteilen, die bei 300 °C Brennstofftemperatur entstehen und dann bei Sauerstoffzufuhr plötzlich verbrennen, macht eine besondere Ausführung von Feuerraum, Luftführung, -drosselung und Nachverbrennung erforderlich.

Hoher Aschegehalt problematisch

Infolge des hohen Aschegehaltes von Stroh kommt es zu verstärkten Ascheablagerungen im Wärmetauscher. Dadurch sinken Wirkungsgrad und Heizleistung stark ab, die Abgastemperatur steigt. Es sind daher Wärmetauscher für die Heizwassererwärmung zu wählen, bei denen durch entsprechende Strömungsverhältnisse der Rauchgase die Ascheablagerung möglichst vermieden wird und bei denen eine leichte Reinigungsmöglichkeit gegeben ist. Wärmetauscher, bei denen die Rauchgase außen um wasserdurchflossene Rohre strömen, sind ungünstig. Günstiger sind Rauchrohrwärmetauscher mit möglichst senkrecht stehenden Rauchrohren. Wenn eine umweltfreundliche Verbrennung ohne zu hohe Emission eingehalten werden soll, ist die Regelbarkeit mancher Anlagentypen begrenzt. Es muss zusätzlich ein Wasserspeicher eingeplant werden. Dieser muss sehr genau ausgelegt und dimensioniert werden. Speicherkosten sind bei der Kalkulation zu berücksichtigen.

Vor Investitionen in eine Strohheizung sind folgende Punkt zu klären (VON ZABELTITZ, 1982):

- Überprüfung der dauerhaften Verfügbarkeit von Stroh und die Kosten für Stroh und dessen Bergung und Lagerung,
- Einhaltung der angegebenen Wärmeleistung für bestimmte Laufzeiten,
- Funktions- und Betriebssicherheit,
- erforderliche Reinigungsintervalle des Wärmetauschers.

Biogas

Biogas entsteht bei der unter Luftabschluss stattfindenden Vergärung von organischen Stoffen. Es setzt sich aus ca. 60 % Methan und ca. 40 % Kohlendioxid sowie Spuren von Wasserstoff und Schwefelwasserstoff zusammen. Die Biogaserzeugung wird bei Temperaturen von 30 bis 60 °C durchgeführt. In den meisten Fällen wird Biogas bisher aus tierischen Abfällen wie Gülle und sog. Kofermenten (Fette u.ä.) erzeugt. Es gibt erste Pilotanlagen, die nur mit pflanzlichen Stoffen arbeiten (Ausputzgetreide, Kartoffelblatt, Gemüseputzabfälle). Die Gasausbeute ist stark abhängig von der Zusammensetzung der Ausgangsmaterialien (vgl. Tab. 5-9). Der Heizwert von Biogas beträgt 6,02 kWh/m³. Bei Verwendung in einem Blockheizkraftwerk (80 % Wirkungsgrad) sind damit ca. 2,27 kWh Strom und 2,1 kWh Wärme zu erzeugen. Zum Betreiben eines Blockheizkraftwerkes von 450 kW thermischer Leistung (350 kW_{el}) werden etwa 486.000 m³ Biogas bzw. 610 t Getreide pro Jahr benötigt. Für die Nutzung der Wärmemenge aus dem BHKW-Betrieb wirken sich die stark schwankenden Jahreslinien des Heizenergiebedarfs für Gewächshäuser nachteilig aus.

Tabelle 5-9: Biogasertrag verschiedener Materialien (nach KTBL, 1998).

Material	Gasertrag [m³/t]
Rindergülle	25
Schweinegülle	36
Molke	55
Rübenschnitzel	75
Biertreber	75
Grünabfall	110
Bioabfall	120
Maissilage	200
Flotatfett	400
Getreide	600 –800

Die Einsatzbedingungen für eine Biogasanlage zur Energieversorgung eines Gartenbaubetriebs sollten für den individuellen Fall überprüft werden. Es empfiehlt sich in der Regel, die Biogasanlage möglichst nahe an den wärmeabnehmenden Gartenbaubetrieb zu platzieren, um kostenintensive Transportleitungen möglichst kurz zu halten.

Anhand des energieintensiven Modellbetriebs Tomate (10.000 m^2 Gewächshausfläche, Jahresheizbedarf = 520 kWh/m^2, siehe Kap. 4) lässt sich nachweisen, dass etwa 53 % der mit Biogas produzierten Wärmeenergie genutzt werden können. Damit werden jährlich 223.600 m^3 Erdgas substituiert und ca. 485 t CO_2 eingespart. Allerdings sind 57 % des Jahresenergiebedarfs durch andere Energieträger zu decken (siehe Abb. 5-22). Für den Einsatz vom Biogas zur Beheizung von Gewächshäusern ist deshalb i.d.R. eine Wirtschaftlichkeit nur in Kombination mit anderen Energieabnehmern zu erreichen.

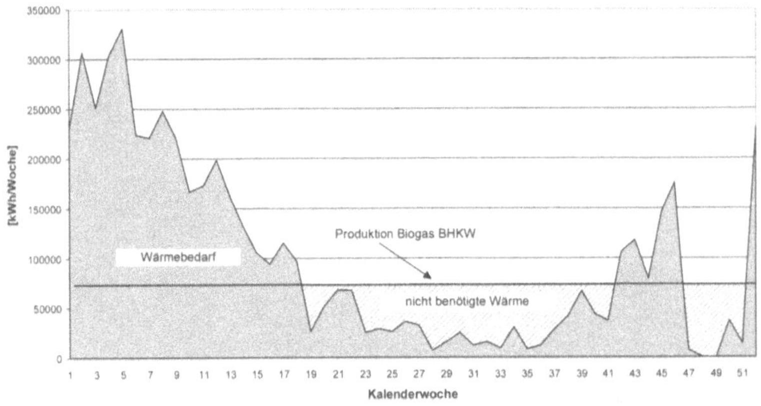

Abbildung 5-22: Energiebedarf des Modellbetriebes Tomate und Wärmelieferung aus einem Biogas-BHKW.

5.1.3.4 Abwärme

Abwärme ist jene Energie, die in einem originären Produktionsverfahren entsteht, aber in diesem Verfahren nicht weiter verwendet wird. Die Nutzung der industriellen Abwärme ist häufig mit einer Standortverlagerung des Gewächshausbetriebes verbunden, um die Energietransportwege möglichst kurz zu halten. Dies ist aufgrund der nur begrenzt zur Verfügung stehenden Ansiedlungsflächen und aus innerbetrieblichen organisatorischen Gründen in vielen Fällen erschwert.

Der größte Teil der anfallenden industriellen Abwärme liegt im Temperaturbereich zwischen 20 bis 40 °C. Aufgrund hoher erforderlicher Investitionen und geringer Betriebswirkungsgrade ist der Einsatz von Wärmepumpen zur Nutzung dieses Temperaturbereiches für den Gartenbau nicht wirtschaftlich. Deshalb müssen bedingt durch die niedrigen Temperaturen des Heizmediums spezielle Heizsysteme genutzt werden, um die gleiche Wärmeabgabe wie bei konventionellen Rohrheizungen zu erreichen. Diese niedertemperierten Heizungssysteme zeichnen sich nach VON ELSNER (in VON ZABELTITZ, 1982) folgendermaßen aus.

- Für eine im Vergleich zur herkömmlichen Heizung gleich hohen Wärmeabgabe ist eine überproportionale Vergrößerung der Heizflächen oder des Wärmeübergangskoeffizienten durch Ventilatoreinsatz notwendig. Aus Licht- und Platzgründen muss häufig auf anders konstruierte Heizkörper zurückgegriffen werden, um die gleiche Heizkapazität zu erhalten.
- Bei Niedertemperaturheizungen ist die Abkühlung des Heizwassers geringer als bei konventionellen Heizungen. Für den Transport der gleichen Wärmeleistung ist daher ein größerer Wassermengenstrom erforderlich. Es werden größere Rohrdurchmesser, Armaturen und Pumpen notwendig, was zu höheren Investitionskosten führt. Vermehrter Stromverbrauch schlägt sich in den Betriebskosten nieder.
- Bei der Verwendung von Luftheizgeräten ist auch die Lufterwärmung niedriger. Daraus folgt die Vergrößerung des Luftdurchsatzes gegenüber konventionellem Betrieb, was zu verstärktem Stromverbrauch des Ventilators führt.
- Da größere Wasser- und Luftmengen bewegt werden, ist für eine wärmebedarfsabhängige Regelung ein erhöhter Aufwand erforderlich. Dieses ist unerlässlich, soll der Stromverbrauch von Pumpen und Ventilatoren nicht unnötig hoch liegen.
- Eine Verringerung des heiztechnischen Aufwands lässt sich nur durch verringerte Anforderungen des Gärtners an die Innentemperatur oder durch zusätzliche Isoliermaßnahmen am Gewächshaus erzielen.

Abwärme-lieferanten

Für die Anforderungen von Gartenbaubetrieben hinsichtlich Höhe und Verfügbarkeit von Heizenergie wurde ein Kriterienkatalog für in Frage kommende Abwärme aufgestellt (ZVG UND

KTBL, 1980). Auszugsweise sind im folgenden geeignete Industriebereiche beschrieben.

- Energiewirtschaft
  Grund- und Mittellast-Kraftwerke mit geschlossenem Kühlwasserkreislauf (Kühltürme) bieten Abwärme aus Kühlwasser von 25 - 30°C im Winter und 35 bis 40 °C im Sommer an. Mit der Abwärme eines 600-MW-Kraftwerkes lassen sich theoretisch 100 ha Gasfläche beheizen. Die Abwärme steht bei Grundlast-Kraftwerken (Kohle, Kernenergie) ganzjährig zur Verfügung. Revisionszeiten (überwiegend im Sommer) lassen sich durch Anschluss an mehrere Kraftwerksblöcke überbrücken. Ansonsten zeichnen sich die Abwärmequellen durch geringe Störanfälligkeit aus. Ein Demonstrationsprojekt der RWE (Hortitherm) ist seit Anfang der 90er Jahre im Rheinland in Betrieb.

- Kompressorenstationen
  Verteilt über die Bundesrepublik fallen an Erdgaskompressorenstationen hochtemperierte Abwärmemengen in erheblichem Umfang an.

- Mülllagerung
  In Mülldeponien entwickelt sich über einen Zeitraum von 10 bis 30 Jahren Biogas mit einem Methananteil von etwa 50 % und einem unteren Heizwert von etwa 5 kWh/m^3 (4.300 kcal/m^3), das bisher abgefackelt wird. Das anfallende Gas (100 m^3/h) kann im Heizkessel, zum Betrieb eines Blockheizkraftwerkes oder zum Verbrennen in Gewächshäusern mit CO_2-Erzeugern verwendet werden. Bei der Wirtschaftlichkeitsberechnung ist die zeitlich begrenzte Entstehung des Gases zu berücksichtigen.

- Müllverbrennung
  Technisch gesehen stellen Müllverbrennungsanlagen Feuerungsanlagen mit Sonderbrennstoff dar. Abwärme fällt meist als Wasser im Bereich von 45 - 95 °C an. Zur Überbrückung von Ausfallzeiten kann in der Regel auf eine Reserveheizung nicht verzichtet werden.

Für Gartenbaubetriebe die im Umkreis einer der genannten Industriebereiche angesiedelt sind, ergeben sich u.U. günstige Energieversorgungsmöglichkeiten.

5.1.3.5 Brennstoffzelle

Die Brennstoffzellentechnik bietet eine wirkungsvolle Form der Stromerzeugung. Das Wirkungsprinzip ist in Abbildung 5-24 dargestellt.

In den Brennstoffzellen kann aus dem eingesetzten Erdgas oder Biogas direkt über biochemische Prozesse Strom erzeugt werden. Der elektrische Wirkungsgrad steigt auf über 50 %.

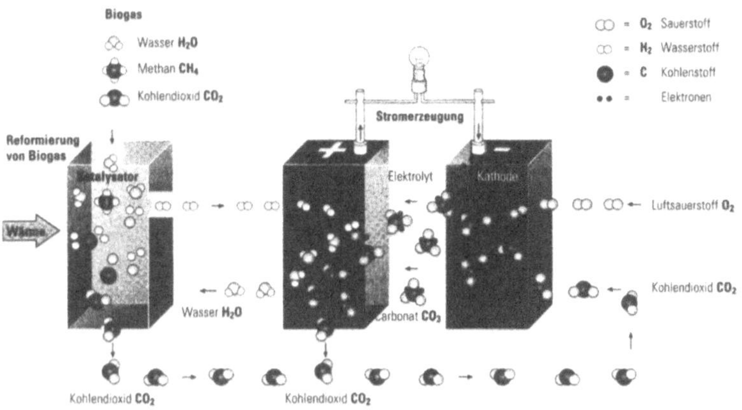

Abbildung 5-23: Wirkungsprinzip der Stromerzeugung in der Brennstoffzelle (WIEBKING, 2000).

Die Brennstofftechnik ist noch nicht serienreif. Bisher sind nur Forschungs- und Testanlagen in Betrieb. Mit der Markteinführung der Brennstofftechnik in der Industrie wird ab 2005 gerechnet. Die Biogasnutzung in der Brennstoffzelle ist nach heutigem Kenntnisstand problemlos möglich und würde eine praktisch emissionsfreie Energienutzung aus nachwachsenden Rohstoffen ermöglichen.

5.1.4 Kulturtechnische Maßnahmen

Um mit Kulturmaßnahmen Energie einsparen zu können, müssen diese entweder verringerte Temperatursollwerte oder eine Kulturzeitverkürzung in intensiven Heizperioden zum Ziel haben. Wichtig ist dabei ein gewisses Maß an Kultursicherheit, um die Qualität und den Absatz der Pflanzen nicht zu gefährden. Im folgenden werden verschiedene Maßnahmen, deren Auswirkungen auf die Pflanze, damit verbundene Risiken, Probleme und Energiesparpotenziale aufgeführt.

Temperaturregelung

In Gartenbaubetrieben mit Produktion unter Glas ermöglichen Klimaregelanlagen die Einhaltung von Wachstumsfaktoren wie z.B. Temperatur und Luftfeuchte. Die Temperaturführung wirkt sich auf alle biochemischen und physiologischen Prozesse von Pflanzen aus. Ausdruck findet dieser Zusammenhang in der Entwicklungsgeschwindigkeit, der Größe, dem Gewicht, der Anzahl von Organen und in der Qualität von Pflanzen. Diese Kriterien beeinflussen letztlich den Verkaufserlös der produzierten Ware. Pflanzenqualität und Termingeschäft sind für die Produzenten im Gartenbau von existenzieller Bedeutung, so dass eine rein energetische Betrachtung von Temperaturregelstrategien nicht praxisgerecht wäre.

Temperaturreaktionen von Zierpflanzen

Es ist festzuhalten, dass viele der pflanzlichen Entwicklungsprozesse durch die Tagesmitteltemperatur bzw. das Temperaturniveau bestimmt werden. In Hinblick auf die erforderliche Heizenergie sind Tag- und Nachttemperaturen in gewissen Toleranzbereichen so zu kombinieren, dass möglichst wenig Energie verbraucht wird.

Tagesmitteltemperatur und Temperatursumme entscheidend

Seit langem ist jedoch bekannt, dass die Wirkung der Temperatur vom Lichtangebot abhängt und somit Tag- und Nachttemperaturen unterschiedliche physiologische Reaktionen auslösen. Prozesse wie das Streckungs- und Blattflächenwachstum werden in besonderem Maße von der Tagtemperatur gesteuert. Klimatisierungsmaßnahmen die zu einer erhöhten Tagtemperatur führen, verstärken das Streckungswachstum stärker als eine gleichstarke Nachterhöhung. Das macht sich besonders in vegetativen Kulturphasen bemerkbar, in denen das Höhenwachstum der Pflanzen maßgeblich geprägt wird (z.B. Langtagphase bei Poinsettien). Der Trockensubstanzgehalt von Pflanzen und damit der Kohlenhydratvorrat lässt sich in besonderem Maße durch die Nachttemperatur (Atmungsrate) beeinflussen. Um einen ausreichenden Kohlenhydratvorrat zu erzielen, sollte in lichtarmen Zeiten die Nachttemperatur deutlich unter der Tagetemperatur liegen (HENDRIKS 1997).

Temperaturregelstrategien mit erhöhten Tag- und reduzierten Nachttemperaturen (positiv Diff) verstärken das Streckungswachstum und führen zu Pflanzen mit vergrößertem Internodienabstand und einem lockeren Pflanzenaufbau minderer Qualität. Umgekehrt kann in geeigneten Klimaperioden bei reduzierter Tag- und erhöhter Nachttemperaturführung ein vermindertes Streckungswachstum erzielt werden (negativer Diff).

Der Wärmebedarf einer Gewächshausheizung hängt ganz wesentlich von der Gewächshausinnentemperatur ab (siehe Abb. 5-24). Der Energieverbrauch steigt überproportional mit der Gewächshausinnentemperatur an (TANTAU, 1997). Der Gesamtenergieverbrauch (Tag und Nacht) ist ganz wesentlich vom Nachtwärmebedarf abhängig.

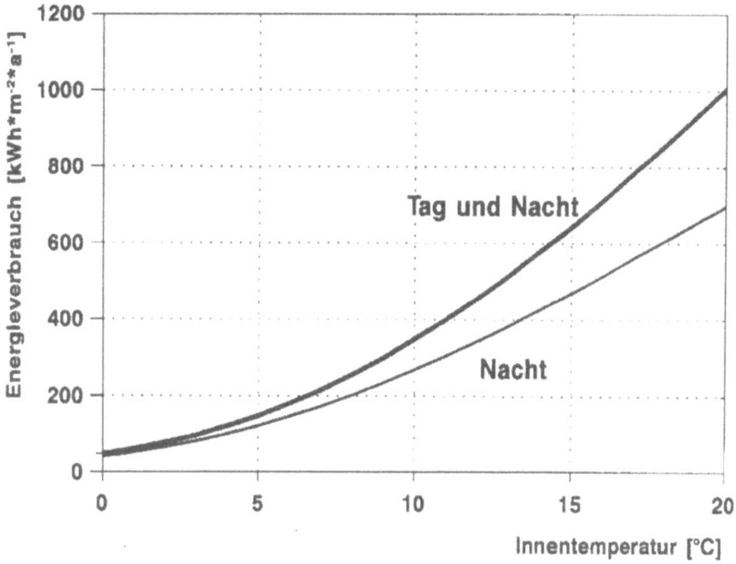

Abbildung 5-24: Heizenergieverbrauch in Abhängigkeit von der Innentemperatur (TANTAU, 1997).

Temperaturstrategien mit einer Anhebung der Nachttemperatur, bei gleichzeitiger Absenkung der Tagtemperatur erhöhen den Energieverbrauch. Bei Berechnungen wurde festgestellt, dass in Gewächshäusern mit Energieschirmen mit dieser Strategie Energieverbrauch nicht ansteigt, der Gewinn an Pflanzenqualität aber als sehr positiv zu bewerten ist. Als Bezugsbasis für die Vergleichbarkeit der verschiedenen Temperaturregelstrategien dient die Temperatursumme.

Bei der **Temperatursummenregelung** wird tagsüber die Temperatur aufsummiert. Bei Sonnenuntergang wird der Sollwert der Nachttemperatur berechnet, der erforderlich ist, um in den Nachtstunden die vorgegebene Temperatursumme zu erreichen.

Die Berechnung kann in der Nacht häufiger wiederholt werden, um auftretende Abweichungen (z.B. durch Entfeuchtungsregelung) zu korrigieren. Für den Nachtsollwert muss in Abhängigkeit von der Kultur eine untere und obere Grenze vorgegeben werden (TANTAU, 1997).

Das Einsparungspotenzial dieser Temperaturregelstrategie hängt entscheidend von den gesetzten Grenzen ab. Werden z.B. am Tage durch solare Einstrahlung hohe Temperaturen erreicht (hohe Lüftungssollwerte), kann der Nachtsollwert stärker abgesenkt werden(TANTAU, 1997). Diese Grenzen sind jedoch stark von der zu angebauten Kultur abhängig. Während z.B. für Poinsettien während der Induktionsphase nur ein relativ enger Temperaturbereich in Frage kommt, tolerieren Pelargonien eine breite Temperaturspanne.

Besonders in einfach verglasten Gewächshäusern (ohne Energieschirm) steigt durch die vorhandenen Undichtigkeiten mit zunehmender Windgeschwindigkeit der Wärmeverbrauch an (siehe Abb.5-25).

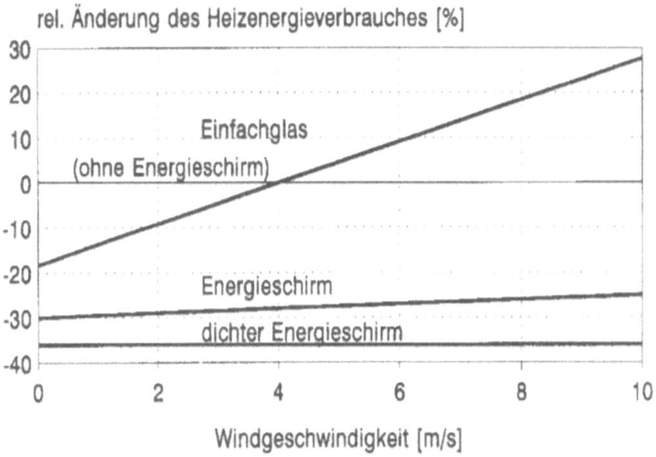

Abbildung 5-25: Einfluss der Windgeschwindigkeit auf den Wärmeverbrauch eines Gewächshauses mit und ohne Energieschirm (TANTAU, 1988).

Um die geforderte Temperatursumme zu erreichen, besteht bei der **windabhängigen Temperaturregelung** daher die Möglichkeit, immer dann höhere Temperaturen zuzulassen, wenn die

Windgeschwindigkeit niedrig ist. Ist ein Energieschirm im Einsatz wirkt sich eine Änderung der Windgeschwindigkeit nicht auf den Heizenergieverbrauch des Gewächshauses aus (TANTAU, 1997).

Vergleichbarkeit von Temperaturstrategien

Um einen energetischen Vergleich verschiedener Temperaturregelstrategien zu ermöglichen, müsste der Verbrauch einzelner Gewächshäuser oder Parzellen getrennt erfasst werden. Mit dem Expertensystem HORTEX (RATH, 1992) lässt sich der Energieverbrauch verschiedener Temperaturregelstrategien unter definierten Bedingungen vergleichen.

Als Berechnungsgrundlage dient ein Betrieb mit einer Grundfläche von 6.000 m^2 in Breitschiffbauweise mit Einfachverglasung, isolierender Noppenfolie an den Stehwänden und Energieschirm. Das Heizungssystem ist gemischt. Aus Tabelle 5-10 sind die wichtigsten Parameter und Grenzwerte der untersuchten Temperaturregelstrategien ersichtlich.

Tabelle 5-10: Temperaturstrategien und Parameter für die Simulationsrechnungen mit HORTEX (BALGEMANN, 1993).

Strategie	**Sollwerttemperaturen (°C) T=Tag, N=Nacht**						
	T	**N**	**Drop**	**Lüftung**	**Summe (24h)**	**Max**	**Min**
konventionell	20	18		25			
Diff (+4)	21	17		25			
Diff (-4)	17	21		25			
Diff (+8)	23	15		27			
Diff (-8)	15	23		27			
Diff (0)	19	19		25			
Drop 2h	20	19	14				
Drop 4h	20	20	14				
Temperatursumme					19		10
feuchteabhängig	20	18		25			
windgeschwindigkeitsabhängig				27		23	15

Die erzielten Ergebnisse gelten nur für das genannte Beispiel. Obwohl nicht verallgemeinert werden kann, zeigt sich, dass die Unterschiede im Energieverbrauch zwischen den Regelstrategien gering sind (TANTAU 1997). Die größte Einsparung erzielte unter den gegebenen Bedingungen die Temperatursummenregelung mit 7 % (vgl. Abb. 5-26). Diese Einsparung lässt sich vergrößern, wenn der Zeitraum für die Summenbildung vergrößert wird (z.B. von 24h auf eine Woche). Ungünstigere Witterungsbedingungen würden dann besser ausgeglichen. Die Einsparung mittels windgeschwindigkeitsabhängiger Temperaturregelung liegt bei 4 %. Mit einer feuchteabhängigen Temperaturregelung wird erwartungsgemäß der Energieverbrauch erhöht (in diesem Beispiel um 7 %).

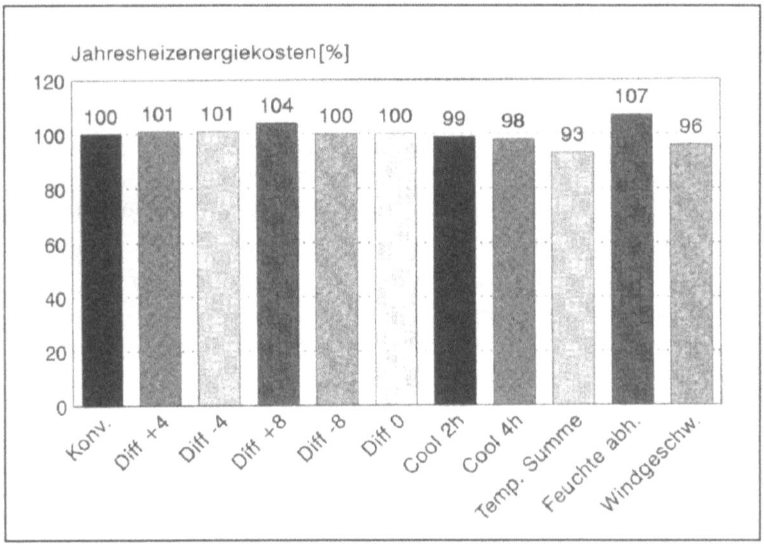

Abbildung 5-26: Einfluss der Temperaturregel-strategie auf die Heizkosten (BALGEMANN, 1993).

Aus rein energetischer Sicht sollten die genannten Einsparungspotenziale genutzt werden, da bei vorhandenem Klimacomputer keine zusätzlichen Kosten anfallen. Allerdings sind die genannten Strategien nur interessant, wenn sie auch pflanzenbaulich vertretbar sind.

Als weitere Regelstrategie ist die **strahlungsabhängige Temperaturregelung** zu nennen. Hierbei wird unterstellt, dass Pflanzen während oder nach einem strahlungsreichen Tag viel Wärme benötigen, um die gebildeten Assimilate zu verlagern und zu verarbeiten. In Perioden mit niedriger Einstrahlung kann dann die Temperatur entsprechend niedriger gehalten werden, um eine unerwünschte Veratmung der Assimilate zu vermeiden. Energetisch scheint auch diese Strategie vorteilhaft gegenüber der konventionellen Regelung zu sein, da nur nach Tagen mit hoher Einstrahlung eine hohe Nachttemperatur eingestellt wird (LUDOLPH UND HENDRIKS, 1989). Hält die sehr hohe oder sehr niedrige Einstrahlung über einen längeren Zeitraum an, besteht die Möglichkeit, dass die für die Kultur benötigte Tagesmitteltemperatur über- oder unterschritten wird. Auch hier ist das kultur- und entwicklungsspezifische Festlegen von Minimal- bzw. Maximalwerten entscheidend für das Erreichen des Produktionszieles.

Effekt der Energieeinsparung nur gering

Untersuchungen zu Temperaturregelstrategien lassen eindeutig Wachstumsreaktionen der Pflanzen erkennen, die sich maßgeblich auf deren Qualität auswirken. Dagegen ist der eindeutige Nachweis der jeweiligen Energieeinsparung wesentlich schwieriger. Der Effekt der Energieeinsparung von Temperaturregelstrategien im Vergleich zur konventionellen Temperaturführung ist relativ gering einzustufen.

Bisher sind Erfahrungen zu den Temperaturbereichen in den jeweiligen Strategien noch gering. Während z.B. Kulturen wie Poinsettien und Pelargonien ausreichend untersucht wurden, fehlen Erfahrungen zu anderen Kulturen. Um den betriebswirtschaftlichen Erfolg der Produktion sicher zu stellen, sollten bei der Wahl der Schwellenwerte die pflanzenbaulichen Aspekte im Vordergrund stehen. Allerdings kann das Verhältnis von Energieeinsparungspotenzial durch Temperaturregelstrategien in Abhängigkeit der Produktionsmittel (Ausstattung, Wuchshemmstoffe etc.) zu dem Anspruch an Produktionssicherheit in Abhängigkeit des Absatzes (Produktionsziel, Termingeschäft etc.) betriebsspezifisch variieren. Die jeweiligen Zielsetzungen können in begrenztem Umfang durch die Wahl geeigneter Parameter miteinander verknüpft oder je nach Jahreszeit und Priorität die jeweils geeignete Regestrategie ausgewählt werden.

Sortenwahl

Eine weitere Möglichkeit der Energieeinsparung besteht in der Auswahl temperaturtoleranter Arten und Sorten. Durch eine gezielte Arten- und Sortenwahl ist es möglich, ohne Kulturzeitverlängerung bei niedrigeren Tagesmitteltemperaturen zu kultivieren (siehe Tabelle 5-11).

Tabelle 5-11: Zeitraum in Tagen vom letzten Stutzen bis zur Blüte bei verschiedenen Beet- und Balkonpflanzen* bei verschiedenen Tagesmitteltemperaturen (TMT) (nach LUDOLPH in WAWRA, 2001).

Pflanzenart / Sorte	TMT 18°C	TMT 16°C	TMT 18°C 4Wo. 8°C
Argyranthemum frutescens ´Ella´	9	10	12
A. frutescens ´Butterfly´	12	12	13
A. frutescens ´Vara´	9	10	11
Bidens ferulifolia ´Golden Star´	10,5	10,5	11
Bidens ferulifolia ´Peters Goldteppich´	9	9,5	12
Brachyscome multifida ´Ultra´	11	11	11
Lobelia erinus ´Azuro´	7	7,5	9,5
Lobelia erinus ´Temptation Dark Blue´	7	8	10,5
Petunia-Hybriden ´Shihi Purple´	6,5	7,5	9
Scaevola aemula ´New Wonder´	11	12	13
Scaevola aemula ´Blue Shamrock´	11	12	13

* Topftermin KW 3, angestrebter Blühtermin KW 15, natürliches Lichtangebot

** Heizungseinstellung 18°C tags, 16°C nachts, 20°C Lüftung

Der Zeitpunkt der Blüteninduktion ist entscheidend für die Kulturdauer und damit auch für den Gesamtenergieverbrauch der Kultur. Beispielsweise lassen sich bestimmte Poinsettiensorten in 11 Wochen kultivieren statt eine herkömmliche Sorte in 13 Wochen. Bei gleichem Topf- und Verkaufstermin kann die 'schnelle' Poinsettiensorte zu Kulturende über einen Zeitraum von 2 Wochen bei kühlen Temperaturen gelagert werden.

Aufgrund nur sehr geringer Kulturzeitverkürzungen bzw. geringer Temperaturreduzierung im Vergleich zum übrigen Sortiment sind nicht sehr hohe Energiesparpotenziale zu erwarten. Eine Gefährdung der Kultursicherheit sollte in jedem Fall ausgeschlossen werden.

Anbau-planung

Mit veränderten Anbauprogrammen, die Kulturen mit kürzeren Kulturzeiten oder geringeren Temperaturansprüchen bevorzugen, kann der betriebliche Energiebedarf reduziert werden. Neben umwelt- und ressourcenschonender Aspekte soll durch Energieeinsparung auch eine Reduzierung der Heizkosten bewirkt werden. Bei Investitionen in technische Maßnahmen sind Amortisationsberechnungen in Abhängigkeit der aktuellen Energiepreissituation relativ schnell durchzuführen. Um die Auswirkungen einer veränderten Anbauplanung auf Energiekosten und Deckungsbeiträge beurteilen zu können, ist jedoch eine komplexe Betrachtung aller Kostenfaktoren eines Unternehmens erforderlich. Damit notwendige Konsequenzen gezogen werden können, sind eine eingehende betriebswirtschaftliche Analyse und sorgfältige Anbauplanung nötig.

In Phasen mit steigenden Energiepreisen treten Fragen zu veränderten Anbauprogrammen verstärkt auf. Am Beispiel eines Zierpflanzenbaubetriebes der ausschließlich Heizöl EL als Energieträger verwendet, wird schnell deutlich, zu welchen Problemen erhöhte Energiepreise führen können (Abbildung 5-27). Der linke Balken beinhaltet die Aufteilung der Kosten im Durchschnitt aller Zierpflanzenbaubetriebe auf Grundlage der Kennzahlen des ARBEITSKREISES BETRIEBSWIRTSCHAFT (1999).

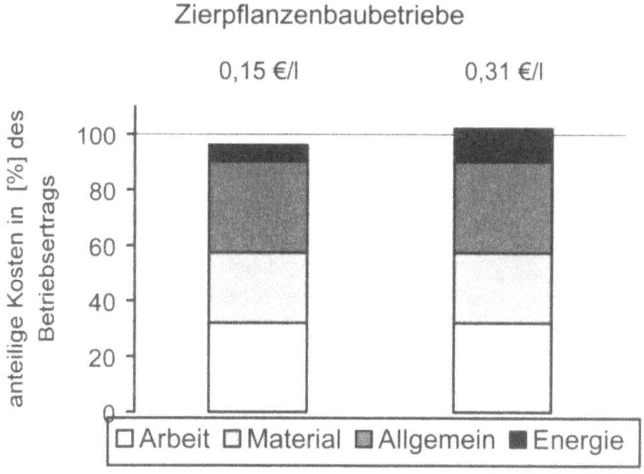

Abbildung 5-27: Kostenaufteilung eines durchschnittlichen Zierpflanzenbaubetriebs mit niedrigen und hohen Energiekosten.

Nach Abzug von Arbeits-, Material-, Allgemein- und Energiekosten verbleibt noch eine kleine Differenz zum Betriebsertrag, also ein kleiner Überschuss. Verdoppelt man den Energiepreis (rechter Balken), so wird bei gleichbleibenden übrigen Kosten dieser kleine Überschuss durch die Energiepreiserhöhung aufgezehrt.

Anbauwürdigkeit von einzelnen Kulturen prüfen

Bei erhöhten Energiepreisen stellt sich die Frage, ob es betriebswirtschaftlich noch sinnvoll ist, die eine oder andere Kultur im Kulturprogramm zu behalten. Die Entscheidung für oder gegen eine Kultur wird im wesentlichen durch deren Deckungsbeitrag beeinflusst. Der Deckungsbeitrag einer Kultur ist die Differenz aus Erlös und variablen Kosten. Die variablen Kosten setzen sich zusammen aus Materialkosten (Jungpflanze, Erde, Topf etc), Energiekosten und die zurechenbaren Arbeitskosten von nicht festangestellten Arbeitskräften. Den variablen Kosten gegenüber stehen die Festkosten, die anfallen, unabhängig davon, ob produziert wird oder nicht. Dies sind die Kapitalkosten für getätigte Investitionen, die Löhne der festangestellten Arbeitskräfte, die Kosten des Lebensunterhaltes der Unternehmerfamilie. Selbst wenn ein Gewächshaus eine zeitlang ungenutzt steht, verringern sich diese Kosten nicht. Eine Kultur ist also anbauwürdig, wenn sie dadurch einen Beitrag zur Deckung der festen Kosten liefert. So kann eine Kultur, die keinen Gewinn erwirtschaftet, aber durch den positiven Deckungsbeitrag zur Festkostenabdeckung dient, betriebswirtschaftlich sinnvoll sein.

Vier Fragen, die sich aus Sicht der Anbauplanung im Unterglasanbau immer wieder stellen sind:

- Lohnt es sich überhaupt noch bei gestiegenen Energiekosten bestimmte Kulturen zu kultivieren?
- Kann mit einer Kaltkultur preisgünstiger und energiereduziert produziert werden als in Normalkultur?
- Kann ein späterer Jungpflanzenbezug vorteilhafter sein als eine frühe Eigenvermehrung?
- Ist es sinnvoll Warmhauskulturen durch Kalthauskulturen zu ersetzen?

Diese Fragen sind immer nur auf den Einzelbetrieb bezogen zu beantworten, weil jeder Betrieb unter anderen Bedingungen kultiviert und vermarktet. Als wichtige betriebliche Unterschiede sind zum Beispiel zu nennen: Kulturschema, Absatzweg, Preisniveau, Festkostenbelastung, Arbeitseffektivität und Lohnhöhe. Dies führt dazu, dass betriebswirtschaftliche Entscheidungen, die für einen Betrieb richtig sind, an anderer Stelle völlig falsch sein können. Insofern müssen die folgenden Beispiele als Anregungen verstanden werden, eine entsprechende Analyse für den eigenen Betrieb durchzuführen.

Poinsettien Ja oder Nein

Tabelle 5-12 zeigt ein Poinsettienkulturschema und die wichtigsten Kulturdaten aus betriebswirtschaftlicher Sicht.

Tabelle 5-12: Poisettienkulturschema.

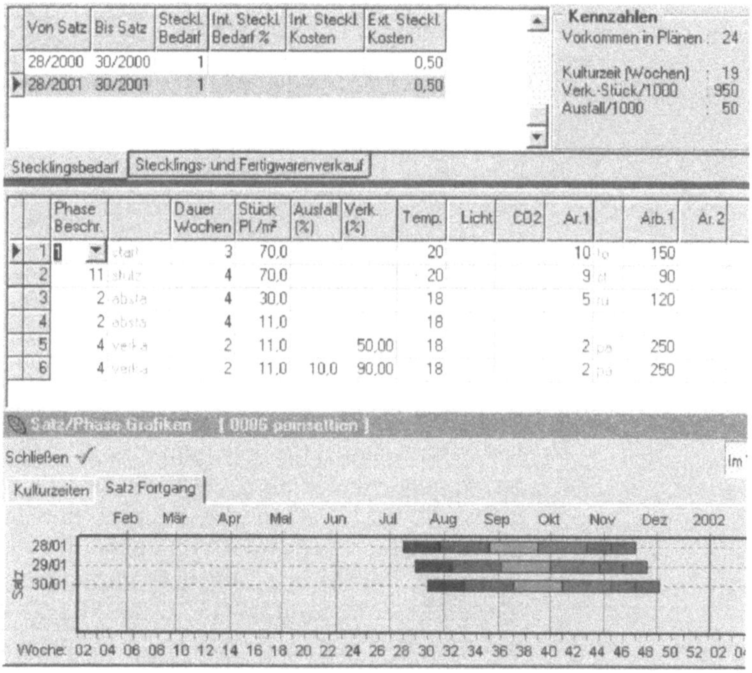

Tabelle 5-13 zeigt die Aufteilung der Kosten sowie die Preisuntergrenze und den vollen Preis für einen Beispielsbetrieb mit einer Festkostenbelastung von 38,35 EURO/m^2. Es zeigt sich, dass bei Energiekosten von 0,15 EURO/l Heizöl der volle Preis bei 1,62 EURO, bei 0,31 EURO/l Heizöl aber bei 1,77 EURO liegt. Allerdings wird selbst bei 0,46 EURO/l Heizöl und einem Erlös von 1,33 EURO immer noch ein positiver Deckungsbeitrag je Bruttojahresquadratmeter (BrtJm^2) von 12,27 EURO erzielt.

Das Beispiel verdeutlicht, dass der volle Preis bei dieser Kultur selten erwirtschaftet werden kann, ein positiver Deckungsbeitrag aber selbst unter ungünstigen Bedingungen noch erreicht wird.

Das heißt, die Kultur ist nach wie vor anbauwürdig, vom betriebswirtschaftlichen Ergebnis her gesehen aber unbefriedigend.

Tabelle 5-13: Kostenkalkulation für Poinsettien bei verschiedenen Energiepreisen.

Energiepreis in EURO/l Heizöl	**0,16**	**0,31**	**0,46**
Material (EURO/Stck.)	0,37	0,37	0,37
Arbeit (EURO/Stck.)	0,33	0,33	0,33
Energie (EURO/Stck.)	0,17	0,35	0,53
Preisgrenze (EURO)	**1,02**	**1,18**	**1,33**
Voller Preis (EURO)	**1,62**	**1,77**	**1,93**
Deckungsbeitrag (EURO/ BrtJm^2)	**28,1**	**22,5**	**13,6**
Deckungsbeitrag (EURO/Akh	20,4	14,8	8,7

Da Betriebe häufig keine Alternative zur Poinsettienkultur haben, stellt sich die Frage, ob sich die Wirtschaftlichkeit der Kultur verbessern lässt. Eine Alternative ist die Produktion von kleinerer, kompakterer Ware, die mit einem höheren Flächenbelegung kultiviert werden kann. Als Beispiel sind in Tabelle 5-14 zwei Kulturverfahren einander gegenübergestellt, die kompaktere Poinsettie T12 (Erlös 1,18 EURO, Endstand 15 Pflanzen/m^2), und die größere Poinsettie T13 (1,33 EURO, Endstand 11 Pflanzen/m^2). Die Kultur der kleineren Pflanzen (T12) hat selbst bei dem geringeren Erlös pro Pflanze noch eine höhere Flächen- und Arbeitsproduktivität.

Abbildung 5-28 zeigt, dass der Preis der Poinsettie T12 15 % unter dem der Poinsettie T13 liegen kann und trotzdem noch den gleichen wirtschaftlichen Erfolg bringt. Dies hängt auch von den Festkosten des Betriebes ab. Je höher diese sind, desto stärker wirken sie sich auch auf die Vollkostenkalkulation auf. Kleinere Pflanzen sind aber nicht immer betriebswirtschaftlich erfolgreicher als größere Pflanzen. Die Relation zwischen Pflanzengröße und erzielbarem Preis muss stimmen.

Tabelle 5-14: Kostenkalkulation für Poinsettien bei verschiedenen Kulturschemata.

Variante	T12	T13
Material (EURO/Stck.)	0,36	0,37
Arbeit (EURO/Stck.)	0,31	0,33
Energie (EURO/Stck.)	0,19	0,35
Preisgrenze (EURO)	1,00	1,18
Voller Preis (EURO)	1,54	1,77
Deckungsbeitrag (EURO/BrtJm²)	240,3	20,45
Deckungsbeitrag (EURO/Akh)	16,36	14,83

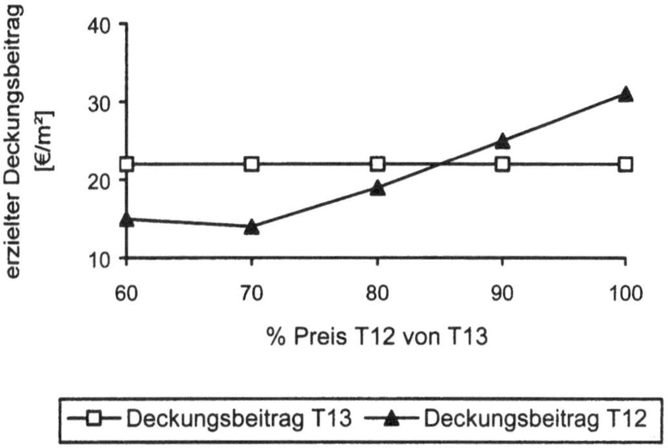

Abbildung 5-28: Deckungsbeiträge bei sich veränderndem Preis beim Vergleich von T12 und T13 Poinsettien.

Als Fazit bleibt festzuhalten:

- Poinsettien sind auch bei gestiegenen Energiekosten prinzipiell noch anbauwürdig.

- Durch Änderung des Produktionsverfahrens ist es möglich, die Energiekosten pro Produktionseinheit (Pflanze) zu reduzieren.
- Durch die Erhöhung der Flächenproduktivität kann bei gleichbleibendem Gesamtenergieverbrauch die Energieeffizienz verbessert werden.

Kaltkultur statt Normalkultur

Für die Produktion von Beet- und Balkonpflanzen sind zwei Kulturverfahren praxisüblich. Bei der Kaltkultur werden für bestimmte Wachstumsphasen niedrige Heiztemperaturen vorgegeben. Die Vorteile der Kaltkultur liegen in einem frühen Vermarktungstermin, einem kompakten Pflanzenaufbau mit zahlreichen Seitentrieben und erhöhter Blühwilligkeit. Die Normalkultur zeichnet sich durch eine kürzere Kulturzeit und bessere Anwachsraten durch Jungpflanzenbezug aus. Die Pflanzen sind aufgrund der kürzeren Kulturzeit und kleinerer Töpfe in der Regel kleiner als die der Normalkultur.

Am Beispiel von Pelargonien kann gezeigt werden, wie sich die Verlagerung von einer Normalkultur auf eine Kaltkultur auswirken kann(vgl. Tabelle 5-15).

In Tabelle 5-16 sind die Produktionskosten der beiden Kulturvarianten gegenübergestellt. Bedingt durch die relativ große Flächenbelegung ist die Kaltkultur bei der oben genannten Temperaturführung in bezug auf die Heizkosten wider erwarten aufwendiger als die Normalkultur. Gleiches gilt für den Gemeinkostenanteil. Für diese beiden Kostenarten ist die Dauer der Flächenbelegung entscheidend. Sie lassen die Kaltkultur auf den ersten Blick unrentabel erscheinen. Es wird deutlich, dass diese beiden Kulturvarianten nicht isoliert von der weiteren Anbauplanung und vom übrigen Betriebsablauf verglichen werden dürfen. Für die folgenden Berechnungen wird das gewonnene Stecklingsmaterial für Folgesätze in die betriebswirtschaftliche Betrachtung miteinbezogen.

Tabelle 5-15: Kulturschemata von Pelargonien.

Kaltkultur			Normalkultur		
Kultur-phase	Tempe-ratur [°C]	Standweite Pfl./m²	Kultur-phase	Tempe-ratur [°C]	Standweite Pfl./m²
Stecken Wo 41	20	333	Topfen Wo 05	18	85
Topfen Wo 44	18	70	Stutzen Wo 07	18	85
Stutzen Wo 46	16	70	Wo 09	16	85
Wo 47	14	70	Wo 11	16	50
Wo 48	8	70	Wo 13	16	30
Wo 04	14	45	Verkauf Wo 17	14	30
Wo 11	14	25			
Verkauf Wo 17	14	25			

Tabelle 5-16: Produktionskosten.

	Produktionskosten (EURO/Pfl.)	
	Kaltkultur	**Normalkultur**
Stecklinge / Jungpflanzen	0,12	0,28
Töpfe, Substrat, PSM-Einsatz, Wasser, etc.	0,07	0,05
Heizmaterial	0,26	0,14
Verpackung	0,03	0,03
= Direktkosten	0,47	0,50
+ Arbeitskosten	0,27	0,17
+ Gemeinkosten*	0,41	0,19
+ Vermarktung	0,07	0,07
= voller Preis	1,22	0,93

* bei einer Annahme von 0,07 EURO Gemeinkosten je Tg.m² (Durchschnittswert)

Eigen-vermehrung Ja oder Nein

Wenn Beetpflanzen, zum Beispiel Pelargonien, früh getopft werden (September – Oktober), um daraus auch Stecklinge für die Folgesätze gewinnen zu können, hat dies zur Folge, dass die Kulturdauer länger wird und im gesamten Winter durchkultiviert werden muss.

Die Alternative stellt ein Kulturbeginn in Januar – Februar dar, der einerseits eine kürzere Kultur und geringere Energiekosten zur Folge hat, aber andererseits auch durch einen geringeren Stecklingsertrag höhere Jungpflanzenkosten verursacht. Beispielhaft werden zwei mögliche Kulturschemata) miteinander verglichen (siehe Tabelle 5-17).

Tabelle 5-17: Kulturschemata Pelargonien.

	Langzeitkultur mit Kaltstellung	**Normalkultur**
Kulturbeginn	KW 37	KW 2
Kosten Steckling oder Jungpflanze	0,11 (EURO/Stlg.)	0,28 (EURO/Pfl.)
Anzahl Nachvermehrungen	4	1
Zeitpunkt der Nachvermehrungen	KW 42, 46, 2, 6	KW 6
zugekaufte Menge	20000 Stck.	55000 Stck.
eigenvermehrte Menge	88000 Stck.	50000 Stck.
Verkaufsmenge	100000 Stck.	100000 Stck.
Absatzzeitpunkt	KW 17 - 20	KW 17 – 20
Endstand	25 Pfl./m^2	25 Pfl./m^2
Durchschnittspreis	0,82 EURO/Pfl.	0,82 EURO/Pfl.

Bei den Berechnungen werden unterschiedliche Annahmen bezüglich der Kulturdauer, der Eigenvermehrungsrate und der Ausfallquote berücksichtigt, während Durchschnittspreis, Verkaufszeitpunkt und Qualität (Endstand) bei beiden Varianten gleich gesetzt sind.

Tabelle 5-18 zeigt die Auswirkungen der unterschiedlichen Kulturverfahren auf die Kostenrechnung, die allerdings relativ gering sind. Der absolute Deckungsbeitrag der Langzeitkultur ist um gut 8.200 EURO höher als derjenige der Normalkultur.

Tabelle 5-18: Kostenkalkulationen für Pelargonien bei verschiedenen Kulturschemata).

	Langzeitkultur	**Normalkultur**
Jungpflanzen (EURO)	2.250	15.492
Arbeit (EURO)	21.270	17.435
Energie (EURO)	19.378	15.134
Deckungsbeitrag (EURO)	43.920	35.380
Deckungsbeitrag (EURO/BrtJm^2)	35,80	37,30
Deckungsbeitrag (EURO/Akh)	22,0	22,0
EiKoLei (EURO)	22.650	17.950
EiKoLei (EURO/BrtJm^2)	18,40	18,90
EiKoLei (EURO/AKh)	11,25	11,25

EiKoLei = Einzelkostenfreie Leistung

Isoliert betrachtet und ohne Einbeziehung anderer Kulturen ist dieses Langzeitkulturverfahren etwas rentabler als die Normalkultur. Werden jedoch die Fläche und die Mehrarbeit, die die Langzeitkultur in Anspruch nimmt, bei der Normalvariante durch eine Vorkultur genutzt, dann kann wiederum die Normalkultur erfolgreicher sein, da sowohl die Flächen- als auch die Arbeitsproduktivität etwas höher ist. Dies lässt sich aber nur bei einzelbetrieblicher Betrachtung eindeutig klären.

Kalthaus- statt Warm-hauskulturen Ja oder Nein

Bei dieser Fragestellung wird das gesamte Kulturprogramm für die Heizperiode analysiert. Da Kulturzeiträume sich überschneiden und Maßnahmen bei einer Kultur (zum Beispiel Entscheidung für die Langzeitkultur mit Kaltstellen) auch Konsequenzen für andere Kulturen haben können, kann der Entscheidungsprozeß an dieser Stelle nur exemplarisch dargestellt werden.

Der Beispielbetrieb hat eine Gewächshausfläche von 7.000 m^2 plus 1.000 m^2 Folienhäuser. Die Kulturprogramme vor und nach der Umstellung auf Kaltkulturen sind Tabelle 5-19 zu entnehmen.

Nach der Umstellung im Block 1 auf Kaltkulturen, bedeutet dies den Verzicht auf die Poinsettienkultur, eine Reduzierung bei den frühen Elatiorbegonien, aber eine Zunahme bei Pelargonien und Primeln.

Tabelle 5-19: Kulturprogramme Beispielsbetrieb.

Vor Umstellung auf Kaltkulturen			**Nach Umstellung auf Kaltkulturen**		
Kultur	**Menge (Stck.)**	**Verkaufs-zeitraum**	**Kultur**	**Menge (Stck.)**	**Verkaufs-zeitraum**
Gewächshaus Block 1			**Gewächshaus Block 1**		
Elatior	125000	XI - VII	Elatior	51000	IV - VII
Impatiens	18000	V - VIII	Impatiens	18000	V - VIII
Chrysanth.	80000	VI - IX	Chrysanth.	80000	VI - IX
Poinsettien	29000	X - XII	Pelargonien	29000	V
			Primeln	126000	XII - III
			Poinsettien	0	
Gewächshaus Block 2			**Gewächshaus Block 2**		
Primeln	97000	XII- III	Primeln	97000	XII - III
Pelargonien	60000	IV - V	Pelargonien	60000	IV - V
Cyclamen	23000	VIII - XI	Cyclamen	23000	VIII - XI
Foliengewächshaus			**Foliengewächshaus**		
Primeln	31000	XII - III	Primeln	31000	XII - III
Pelargonien	20000	V	Pelargonien	20000	V
Freiland			**Freiland**		
Viola	95000	I - II	Viola	95000	I - II

In den Abbildungen 5-30 und 5-31 sind die unterschiedlichen Belegungen von Block 1 dargestellt. Die betriebswirtschaftlichen Auswirkungen sind in Tabelle 5-20 zusammengefasst.

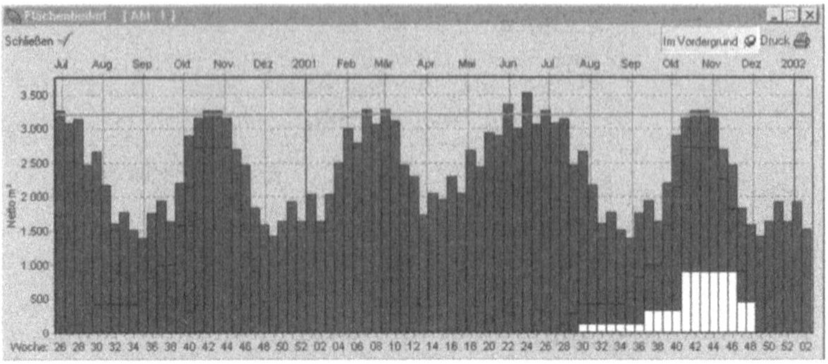

Abbildung 5-29: Belegung von Block 1 vor der geplanten Umstellung

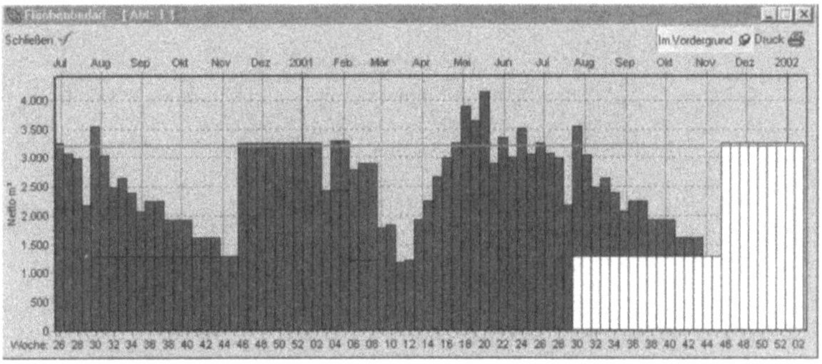

Abbildung 5-30: Belegung von Block 1 nach der geplanten Umstellung

Dem deutlichen Rückgang beim Umsatz stehen erheblich reduzierte Energie- und sonstige Produktionskosten gegenüber. Insgesamt liegt der Deckungsbeitrag beim Programm mit Poinsettien und Elatiorbegonien bei 16.3051 EURO, bei der Kaltkulturvariante dagegen nur bei 14.3906 EURO. Allerdings ist der Arbeitsaufwand vor der Umstellung um 781 AKh höher als nach der Umstellung. Selbst bei Einsparung aller Kosten für 781 Akh bleibt eine positive Differenz zugunsten des ursprünglichen Kulturprogramms bestehen (bei 10,75 EURO/AKh entsprechend 12.270 EURO). So ergibt sich für diesen Betrieb aus dieser Analyse, dass eine Umstellung trotz niedriger Energiekosten nicht sinnvoll ist. Diese Aussage ist in einer konkreten Betriebssituation noch weiter zu überprüfen.

Tabelle 5-20: Betriebswirtschaftliche Kennzahlen vor und nach der Umstellung.

	vor Umstellung	**nach Umstellung**
Umsatz (TEURO)	362,1	297,1
Produktionskosten (TEURO)	198,9	153,9
davon Energie (TEURO)	70,0	39,63
Deckungsbeitrag (TEURO)	163,05	142,91
Akh (Stunden)	8767	7986

Grundsätzlich lässt sich festhalten, dass

- Veränderungen im Kulturprogramm erst nach genauen betriebswirtschaftlichen Berechnungen vorgenommen werden sollten;
- die isolierte Betrachtung der Kosten einzelner Produktionsfaktoren, z. B. Energie, als Maßstab für Entscheidungen nicht ausreichend ist und
- Veränderungen im Anbauplan und damit im betrieblichen Energiebedarf immer auf die Auswirkungen auf den Gesamtbetrieb hin zu überprüfen sind.

5.2 Pflanzenproduktion im Freiland

Bei der Pflanzenproduktion im Freiland entstehen hauptsächlich Energieaufwendungen in Form von Treibstoffen. Die unterschiedlichen Arbeitsgänge (Bodenbearbeitung, Saat, Pflanzung, Pflege, Ernte) werden mit wechselnden Arbeitsgeräten durchgeführt, die an Schleppern an- oder aufgebaut werden.

5.2.1 Feld- und Transportarbeiten

Der Energieaufwand ist je nach Bodenart, vor allem auch je nach Produktionsschwerpunkt (Sparte, Kulturkombinationen) sehr stark unterschiedlich (siehe Abb. 5-31). Der Einfluss der Bodenart (leichte - schwere Böden) ist speziell bei Bodenbearbeitungsmaßnahmen sehr hoch, ist aber über die Auswahl der Anbauflächen nur begrenzt beeinflussbar (GRUBER, 2000).

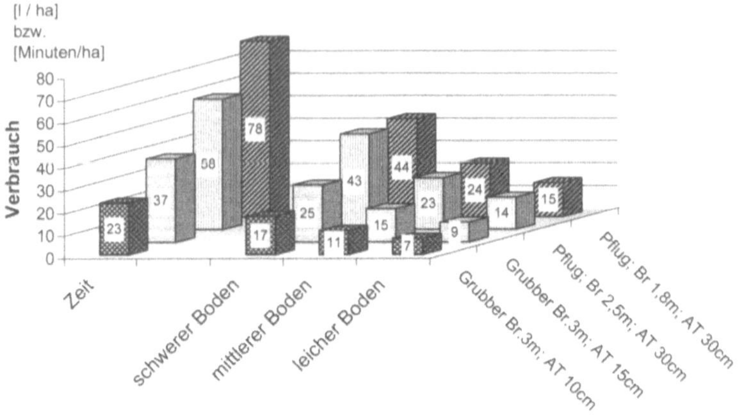

Abbildung 5-31: Zeit- und Treibstoffverbrauch für die Bodenbearbeitung.

Weiterhin wirkt sich die Bearbeitungstiefe auf den Treibstoffverbrauch deutlich aus und sollte daher auf die pflanzenbaulich notwendige Tiefe reduziert bleiben.

Nach eigenen Betriebserhebungen lag der Gesamtenergieaufwand bei 16 untersuchten Gemüsebaubetrieben beispielsweise im Mittel bei 453 Liter Dieseltreibstoff je Hektar Produktionsfläche (siehe Abb. 5-32). Hierbei sind Aufwendungen von 364 l/ha für direkte Feldarbeiten, 50 l/ha für Transportarbeiten (Ware zur Vermarktung) und 39 l/ha für Bewässerungszwecke entstanden.

Der Dieselaufwand für Feldarbeiten schwankt bei den untersuchten Betrieben, begründet vor allem durch das angebaute Produkt (Kultureinfluss), zwischen ca. 200 und 500 l/ha. Je nach Kultur waren 7 - 14 Arbeitsgänge mit entsprechender Anzahl Schlepperüberfahrten notwendig. In Einzelfällen kann hier über die Kombination von Arbeitsgängen (Düngung/Bodenbearbeitung oder Düngung/Pflanzung) eine Verbrauchsminderung angestrebt werden.

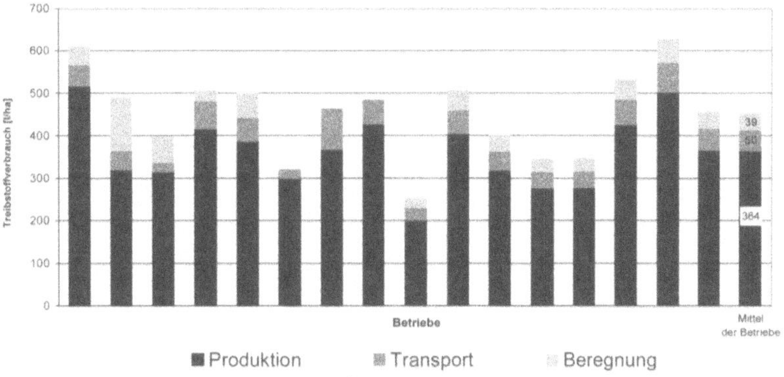

Abbildung 5-32: Treibstoffverbrauch von verschiedener Arbeitsbereichen in Freilandbetrieben.

Einsparpotenziale bieten sich in diesem Bereich durch optimierte Einsatzbedingungen für den Schlepper an. Grundsätzlich sollte der für die entsprechende Arbeit erforderliche Leistungsbedarf des Gerätes, mit der Leistungsabgabe des Schleppers übereinstimmen. Schon beim Schlepperkauf sollten die betrieblichen Leistungsanforderungen und die spezifischen Verbrauchswerte unterschiedlicher Schleppertypen (Hersteller) in die Kaufentscheidung einbezogen werden.

Neuere Schlepper bieten durch entsprechende **Motorentechnik** (Direkteinspritzung, Turbolader, Ladeluftkühlung) und Getriebe mit hohem Wirkungsgrad, die Möglichkeit einer bis zu 10-prozentigen Verbrauchsminderung. Das wesentliche Einsparpotential liegt aber in der Fahrstrategie des Fahrers (HOLZ, 2000).

Im Motorkennfeld-Diagramm eines Schleppers sind die Betriebspunkte abzulesen, in denen der Treibstoffverbrauch am geringsten ist (siehe Abb. 5-33). Gelingt es dem Fahrer unter Benutzung eines gut abgestuften Getriebes, Motorbelastung und Motordrehzahl im Optimalbereich zu halten, sind Verbrauchsminderungen bis ca. 20 % möglich.

Problempunkt können zapfwellengetriebene Geräte sein, bei denen nur in einem Punkt die gewünschte Zapfwellendrehzahl (z. B. 540 U/min bei einer Motordrehzahl von 1900 U/min) erreicht wird. Hier bietet die Ausstattung des Schleppers mit einer sogenannten Sparzapfwelle (750 U/min) die Möglichkeit, bei leichter bis mittelschwerer Zapfwellenarbeit tiefere Drehzahlen und höhere Belastungen zu erreichen. Durch diese Vorgehensweisen können sich Einsparpotentiale von bis zu 15 % erschließen.

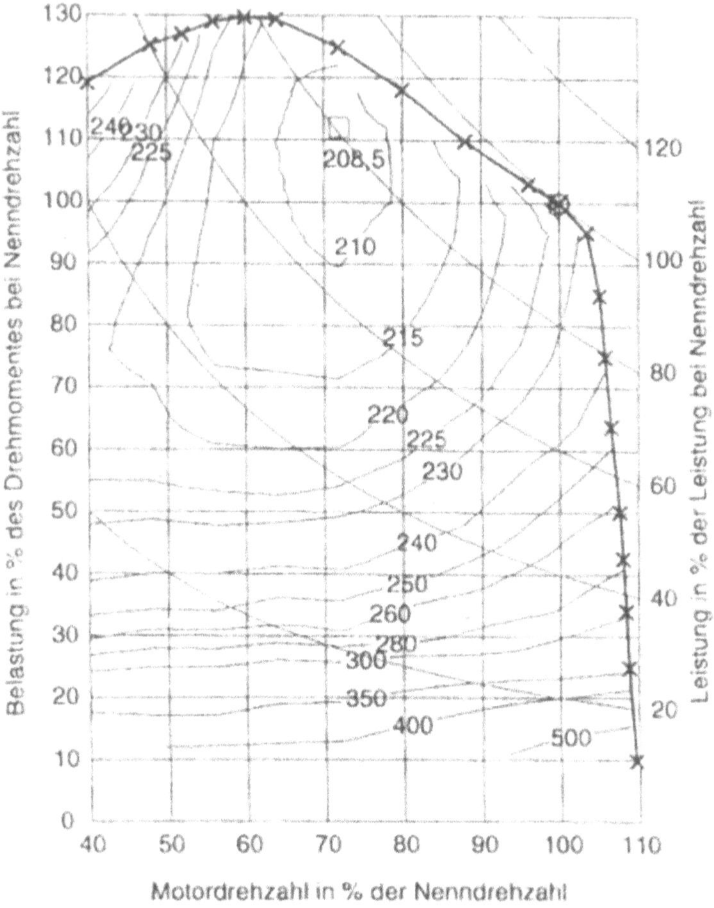

Abbildung 5-33: Drehmomente und Drehzahlen von Schleppermotoren bei unter-schiedlichen Leistungen.

Die in den Betrieben festgestellten Verbrauchswerte für Transportarbeiten (39 l/ha für Transport von Fertigware vom Betrieb zur Vermarktungsstelle), sind auf die spezielle Lage (Marktentfernung) der untersuchten Betriebe zurück zuführen und daher nicht zu verallgemeinern. Aus diesen Werten errechnet sich ein durchschnittlicher Verbrauchswert von ca. 29 l/100 km für mit Schleppern betriebene Transporte.

Einsparungspotenziale Ansatzpunkte für Energieminderung von Transporten sind unter Beachtung der betrieblichen Rahmenbedingungen (Transportentfernung, Jahrestransportvolumen):

- Auslastung der Transportkapazitäten durch ggf. benachbarte Betriebe (Sammeltransport),
- Umstellung auf LKW-Transport (geringerer Verbrauch, Zeitersparnis).

5.2.2 Bewässerung

Die Notwendigkeit der Freilandbewässerung wird während der Vegetationszeit durch die Höhe der natürlichen Niederschläge bestimmt. Ausgehend vom langjährigem Mittel, können diese regional, bezüglich der zeitlichen Verteilung und auch nach Jahren sehr stark davon abweichen. Daher sind die Energieaufwendungen für die Freilandbewässerung jährlich differenziert zu betrachten. Weiterhin ist der Wasserbedarf der Kulturen unterschiedlich und die wirtschaftlichen Einsatzgrenzen für die Bewässerung einer Kultur zu beachten.

Energiebedarf Der Energiebedarf entsteht in Form von Dieseltreibstoff für mit Dieselaggregaten betriebene Pumpen oder als elektrischer Energiebedarf bei elektrischen Pumpen.

Der Energieaufwand für die Bewässerung wird durch die energetischen Wirkungsgrade der für den Betrieb notwendigen Einzelkomponenten bestimmt:

- Pumpstation (Motor/Pumpenkombination)
- Zuleitung (Durchflussvolumen, Leitungslänge, Leitungsdimensionierung)
- Beregnungsgerät (Wasserverteilsystem, notwendiger Druck am Wasseraustritt)

Der energetische Gesamtwirkungsgrad $\eta_{Ges.}$ kann ermittelt werden nach (vgl. SCHÖN ET AL.,1984):

$$\eta_{ges} = \frac{\text{nutzbare.Energie.am. Re gner}}{\text{zugeführte.Energie.am. Re gner}} \quad (-)$$

1 bar = 100 kN/m²
1 kWh = 3.600 kNm
1 l Diesel = 11.500 kNm

Nach Untersuchungen von SCHÖN ET AL. (1984) sind energetische Gesamtwirkungsgrade > 30 % anzustreben. Die in der Praxis angetroffenen Verhältnisse zeigten Wirkungsgrade von 20 - 30 %.

Spezifischer Energieaufwand

Bei KROMER (1985) wird ein spezifischer Energieaufwand (ohne Pumpen/Leitungsverluste) von 4,3 kWh /(ha · mm) (Beregnungsmaschine mit Einzelregner) und 2,2 kWh /(ha · mm) (Beregnungsmaschine mit Düsenwagen) genannt.

Im Rahmen von eigenen Untersuchungen wurden beim Einsatz von Beregnungsmaschinen mit Einzelregnern für das Jahr 1999 Aufwendungen für Bewässerung von im Mittel 39 l/ha (400 kWh/ha) genannt, wobei die mittlere Beregnungshöhe 41 mm (410 m^3/ha) betrug. Dies würde einem Energieaufwand von ca.10 kWh /(ha · mm) entsprechen.

Die **energetische Optimierung** der Freilandbewässerung bietet folgende Ansatzpunkte:

- Reduzierung der Beregnungshöhe durch optimierte Bedarfsermittlung (z.B. Wasserbilanzierung über Klimamodelle),
- Einsatz von Wasserverteilsystemen mit geringem erforderlichen Düsendruck (z. B. Düsenwagen, Tropfbewässerungssysteme),
- Abstimmung der Pumpen- / Leitungsdimensionierung auf die Volumenanforderung des Verteilsystems (z.B. Gießwagen),
- regeltechnische Pumpenanpassung bei stark variierender Volumenanforderung,
- Nutzung von Fotovoltaik für den Pumpenbetrieb. Dies ist bis jetzt nur bis zu einem Leistungsbedarf bis ca. 2 kW sinnvoll. Damit ist die Bewässerung von bis zu 2 ha Fläche unter Einsatz von Mikrobewässerungsverfahren möglich (FAL, 1994).

5.3 Weiterverarbeitung

5.3.1 Kühlung und Lagerung

Je nach Betriebsstruktur kann der Energieverbrauch für Kühlräume bis zu 80 % des Stromverbrauchs eines Betrieb ausmachen. In der Regel werden im Gartenbau Kühlraumtemperaturen von –2 °C bis +7 °C nötig. Nur in Ausnahmefällen wie z. B. bei der Beerenfruchtlagerung werden Tiefkühltemperaturen von –18 °C bis –20 °C benötigt.

Zur exakten Berechnung der **Energieeinsparung in Kühllagern** sind die individuellen Nutzungsdaten der Anlage einzubeziehen. Die Möglichkeiten der Energieeinsparung sollen am Beispiel eines praxisüblichen Kohllagers dargestellt werden (siehe Abb. 5-34). Die angegebenen Energieeinsparungen beziehen sich auf eine Lagerzeit von 180 Tagen.

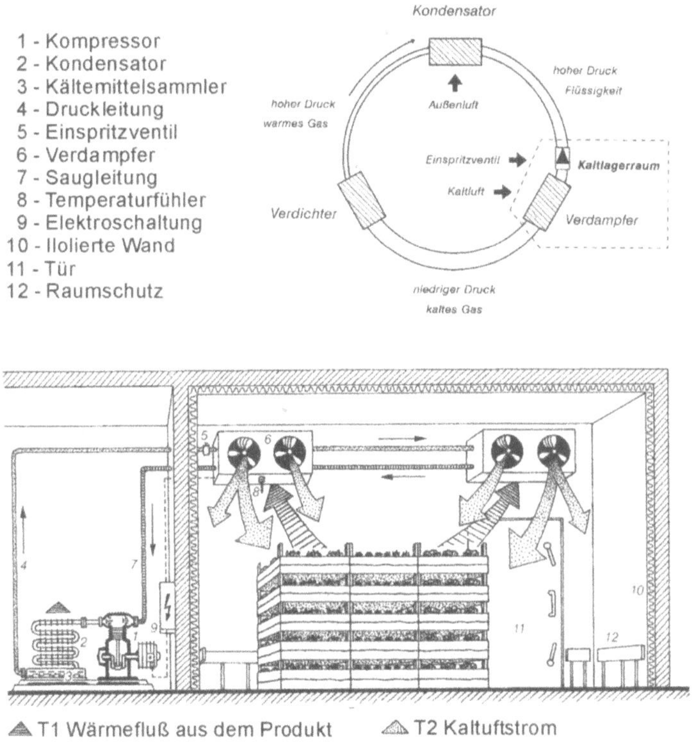

Abbildung 5-34: Aufbau eines maschinengekühlten Lagerraumes und Kältekreislauf einer technischen Kälteanlage (BÖTTCHER, 1996).

Abkühlen der Ware

Vom gesamten Kältebedarf der Kühlanlage werden ca. 50 % der Kälteleistung während der Einlagerungszeit benötigt. In der Regel wird die gesamte Lagermenge innerhalb von 7 bis 10 Tagen eingelagert. Das Lagergut wird von der Erntetemperatur auf die Lagersolltemperatur heruntergekühlt. Bei unempfindlichen Produkten wie Kartoffeln, Äpfeln oder Kohlarten, können diese über Nacht draußen stehen und von der Umgebungsluft heruntergekühlt werden. Die zur Abkühlung benötigte Energie kann auch dadurch gesenkt werden, dass möglichst an kühlen Tagen bzw. in den kühleren Morgenstunden geerntet wird. Um 1,0 t Gemüse von +20 °C auf +1 °C herunterzukühlen wird elektrische Energie von 8,28 kWh benötigt. Für jedes Grad Abkühlung sind 0,435 kWh Strom erforderlich. Soll Ware von +19 °C auf +1 °C heruntergekühlt werden, kann mit jedem Grad K, welches nicht über die Kälteanlagen heruntergekühlt werden muss, eine Energieeinsparung von 5,25 % bezogen auf den theoretischen Energiebedarf für der Kühlanlage erzielt werden .

Energieeinsparung durch Bodenisolierung

Der Boden von Kühllagern im Gartenbau wird normalerweise nicht isoliert. Es wird lediglich eine kapillarbrechende Unterbodenschicht eingesetzt, sodass keine Wärmeleitung über das Grundwasser stattfindet. Der k'-Wert beträgt 1,5 $W/(m^2 \cdot K)$. Durch eine zusätzliche Isolierung kann der k'-Wert auf 0,24 $W/(m^2 \cdot K)$ gesenkt und damit eine Energieeinsparung von 8,9 % bei einer Nutzungsdauer von 180 Tagen realisiert werden. Die Bodenisolierung amortisiert sich bei einer Lagertemperatur von +5 °C in einem akzeptablen Zeitraum. Bei ganzjähriger Nutzung des Kühlhauses beträgt die durch Bodenisolierung erzielbare Energieeinsparung ca. 17,8 % vom Gesamtkühlenergiebedarf.

Allerdings sollte bei Kühllagern für Produkte, die hohe Luftfeuchtigkeit erfordern, auf die Bodenisolierung verzichtet werden. Durch die Bodenisolierung wird die Temperatur des Bodens abgesenkt, so dass kaum noch Wasser verdunstet.

Wandisolierung

Normalerweise wird in Kühlräumen in Gartenbaubetrieben eine 100 mm starke Isolierpaneele mit einem k'-Wert von 0,24 $W/(m^2 \cdot K)$ eingesetzt. Wenn anstatt dessen eine 120 mm starke Isolierpaneele mit einem k'-Wert von 0,2 $W/(m^2 \cdot K)$ verwendet werden, beträgt die **Energieeinsparung** bei einer Nutzungsdauer von 180 Tagen im Jahr 2,5 %.

Kältemittel

Bei Lagertemperaturen von +1 °C werden üblicherweise die Kältemittel R 134a bzw. R 404A (R 507) eingesetzt. Die Stromaufnahme ist dabei vom Verdichter und dem verwendeten Kältemittel abhängig (siehe Tab. 5-19).

Tabelle 5-19: Vergleich der Stromaufnahme bei unterschiedlichen Kältemitteln.

Kältemittel	**Stromaufnahme** (W/kW Kälteleistung)
R 134a	363
R 404A (auch R 507)	409
Betriebsdingungen: Verdampfungstemperatur –6 °C, Kondensationstemperatur +45 °C	

Beispielsrechnung

Durch die Wahl eines entsprechenden Kältemittels ist beim Lagerprodukt Kohl mit einer Raumtemperatur von +1 °C und einer Lagerdauerdauer von 180 Tagen eine **Energieeinsparung** von 12,6 % zu erzielen. In der Regel werden die preisgünstigere R 404A-Kälteanlagen (auch R 507-Kälteanlagen) angeboten. Bei einer Neuinvestition ist es jedoch ratsam, Angebote für R 404A-Anlagen und R 134a-Anlagen einzuholen und einen Energievergleich in Abhängigkeit der Jahresnutzungsdauer durchzuführen.

Flüssigkeitsunterkühlung

Eine weitere Möglichkeit der Energieeinsparung besteht im Einsatz eines Wärmetauschers zur Flüssigkeitsunterkühlung. Dies ist nur mit geringen Mehrkosten verbunden, allerdings ist für die optimale Dimensionierung eine höherer Planungsaufwand erforderlich. Diese Möglichkeit ist vielen Kälteanlagenanbietern noch nicht bekannt. Bei den Kältemitteln R 134a und R 404A (auch R 507) bewirkt die Flüssigkeitsunterkühlung eine Wirkungsgradverbesserung. Die Kältemittel dürfen allerdings nicht beliebig unterkühlt werden. Mit dem Kältemittel R 134a bewirkt eine Unterkühlung von 10 °C (bei einer Verdampfungstemperatur von –6 °C und einer Verflüssigungstemperatur von +30 °C) eine Energieeinsparung von 7,26 % bei einer Anlagennutzung von 180 Tagen.

Kondensatoren

Im Gartenbau werden üblicherweise luftgekühlte Kondensatoren verwendet. Normalerweise werden diese auf Verflüssigungstemperaturen von 45 °C ausgelegt. Wird eine Anlage mit einer Verflüssigungstemperatur von 30 °C eingesetzt, bewirkt dies bei einer Lagerdauer von 180 Tagen eine **Energieeinsparung** von 29,55 % gegenüber einer Verflüssigungstemperatur von 45 ° C.

Die Leistung des Kondensators lässt sich auch dadurch erhöhen, dass die Gesamtkälteleistung auf zwei Verdichter aufgeteilt wird, die mit jeweils 50 % Kälteleistung arbeiten. Dieses bietet sich für den Einsatz im Gartenbau an, da normalerweise 50 % der Kälteleistung für das Abkühlen der Ware benötigt werden. Damit die Anlage richtig ausgeregelt werden kann, ist zu beachten, dass die Kondensationstemperaturen nicht zu weit absinken dürfen. Deshalb sollte unbedingt eine Kondensationsdruckregelung eingesetzt werden, die die Kondensationstemperatur auf 30 °C begrenzt.

Die Leistung des Kondensators wird durch Verschmutzung erheblich reduziert. Es ist deshalb sinnvoll, dass der Betreiber einer Kälteanlage in regelmäßigen Abständen die Kondensatoren reinigt.

Verdampferdimensionierung

Für die Dimensionierung des Verdampfers wird die Temperaturdifferenz (ΔT) zwischen der Lufteintrittstemperatur am Verdampfer und der Kältemitteltemperatur am Verdampferausgang bestimmt. Standardmäßig werden Kälteanlagen angeboten, die mit einem ΔT von 8 K arbeiten. Eine Temperaturdifferenz von 5 K ist mit thermostatisch geregelten Expansionsventilen zu erreichen. Für eine Temperaturdifferenz von 4 K benötigt man ein elektronisch geregeltes Expansionsventil.

Bei einer 2-stufigen Kälteanlage mit einer Leistungsabstufung von 50 % können die Kosten für den Verdampfer gesenkt werden. In 7 - 10 Tagen Einlagerungszeit arbeitet der Verdampfer bei einem ΔT von 8 K und in der verbleibenden Lagerzeit mit einem ΔT von 4 K. Damit können bei 180 Tagen Anlagenlaufzeit ca. 12 % elektrische Energie im Vergleich zu einem ΔT von konstant 8 K eingespart werden.

Bedarfsabtauung einsetzen

In gartenbauüblichen Kälteanlagen wird normalerweise eine elektrische Abtauheizung am Verdampfer eingesetzt, die über eine Zeitschaltuhr gesteuert wird. Eine Weiterentwicklung der normalen Zeitschaltuhr bietet die Bedarfsabtauung der Firma Küba, Typ *QKL-2B*. Diese schaltet bei Kältebedarfanforderung zunächst den Lüftermotor am Verdampfer ein. Dadurch schmilzt das Eis, welches sich auf den Verdampferlamellen gebildet hat. Nur wenn die Solltemperatur darüber nicht gehalten werden kann, schalten sich zusätzlich die Verdichter ein. Bei Kälteanlagen, die mit einem ΔT von 8 K arbeiten, konnte durch den Einsatz des Reglers eine Energieeinsparung von 55 % nachgewiesen werden. Bei optimal ausgelegten Kälteanlagen, deren ΔT bei 4 K liegt, beträgt die Energieeinsparung noch 10 %.

In Tabelle 5-20 sind alle Maßnahmen der Energieeinsparung und ihre Einsparungspotenziale für ein Kühllager zusammengefasst. Die gesamte Energieeinsparung unter Berücksichtigung der vorgenannten Faktoren beträgt somit ca. 60 %.

Tabelle 5-20: Energiesparpotenziale bei Kühlungsanlagen.

Optimale Dimensionierung der Einzelkomponenten

Maßnahme	mögliche Einsparung (%)
Isolierpaneele 120 mm	2,50
Bodenisolierung	8,90
Kondensator mit Verflüssigungstemperatur 30 °C	29,55
Verdampfer mit ΔT = 4 K	12,09
Kältemittel R 134a zu R 404 (auch R 507)	12,60
Flüssigkeitsunterkühlung (bei R 134a)	7,20
Bedarfsabtauung	10,00

Die größten Einsparpotenziale ergeben sich aus der optimalen Dimensionierung der Einzelkomponenten. Leider ist es praxisüblich, preisgünstige Anlagen ohne Betrachtung der Folgekosten zu installieren. Schon geringe Mehrkosten, bedingt durch z.B. eine Anpassung der Kondensator- bzw. Verdampferleistung, können zu erheblichen Energie- und Betriebskosteneinsparungen führen. Mit Ausnahme der Bedarfsabtauregelung ist eine Nachrüstung der Einzelkomponenten bei bestehenden Kälteanlagen ohne höhere Investitionen jedoch nicht möglich.

5.3.2 Aufbereitung und Verpackung

In der überwiegenden Zahl der Freilandbetriebe entstehen bisher keine nennenswerten energetischen Aufwendungen für Aufbereitung und Verpackung von Produkten. Ausnahmen bilden Betriebe welche sich auf Produkte spezialisiert haben, die vor der Vermarktung einer Wäsche (z.B. Möhren, Porree) oder sonstigen Aufbereitungen, wie z.B. einer maschinellen Folienverpackung (z.B. Brokkoli, Blumenkohl) unterzogen werden. In der Regel erfolgt vor der Verpackung eine vorherige maschinelle Klassifizierung (Gewicht, Größe, Durchmesser) der Produkte.

Energiebedarf entsteht durch Wasserverbrauch und Pumpenenergie bei der Gemüsewäsche, sowie im Verpackungsbereich durch elektrischen Energieverbrauch der Antriebsmotoren oder Wärmeerzeugung für zum Beispiel Folien-Schrumpftunnel.

Die Wirtschaftlichkeit von Waschverfahren ist von den Festkosten, den jährlichen Einsatzstunden und den Wasserkosten (Wasserverbrauch) abhängig (siehe Abb. 5-35).

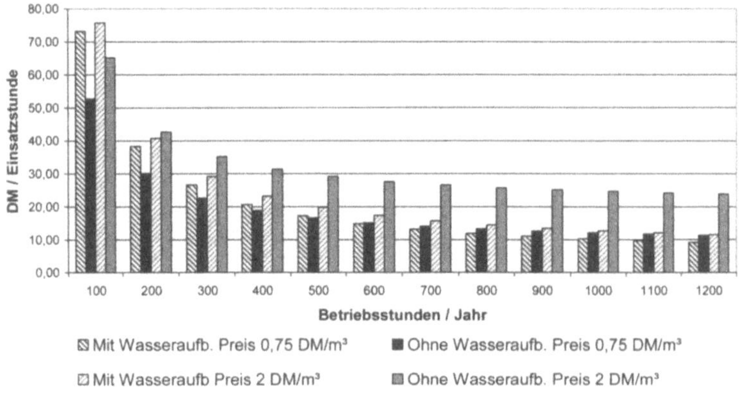

Abbildung 5-35: Kosten von Gemüsewaschmaschinen ohne und mit Wasseraufbereitung (RANGE, 1984).

Einsparpotenziale in der Gemüsewäsche sind durch Optimierung der Technik durch Beachtung folgender Punkten zu ereichen:

Optimierte Waschtechnik

- Einsatz geschlossener Waschverfahren,
- optimierte Düsentechnik (Anordnung, Druck, Volumendurchfluss) in Haupt- und Nachwäsche,
- unterstützende Technik vor dem Nachwäschebereich, z.B. durch Schüttler,
- sensorgesteuertes Zu-/Abschalten der Düsen.

Verpackung

Die Hauptverpackungsart in den produzierenden Gemüsebaubetrieben ist die Mehrweg-Pfandkiste, in der die Ware lose eingelegt und ohne Einzelverpackung vermarktet wird. Eine Einzelproduktverpackung (offener Folienbeutel) hat bisher nur bei einigen Produkten größere Bedeutung, wobei diese überwiegend von Hand durchgeführt wird. In diesen Fällen entstehen keine zusätzlichen Energieaufwendungen.

Zunehmend besteht in den letzten Jahren der Wunsch des Lebensmittelhandels, weitere Gemüseprodukte mit Einzelverpackung zu beziehen. Verpackungslinien für z.B. Schlauchbeutelverpackungen (Flow Pack) werden mit unterschiedlichen Verpackungsleistungen (Packstücke/Minute) angeboten. Die üblichen Antriebsleistungen liegen abhängig vom Maschinentyp bei ca. 5 bis 10 kW. Werden Schrumpfverpackungsmaterialien verwendet kommen Heizleistungen zwischen 10 - 15 kW für den Schrumpftunnel hinzu.

Solche Verpackungslinien benötigen aus wirtschaftlichen Gründen hohe Packstückzahlen pro Jahr, um konkurrenzfähige Packstückkosten zu erreichen. Als untere Einstiegsgrenze werden etwa eine Million Packstücke pro Jahr angesehen (RINDSFÜSSER, 2000). Mit den angestrebten hohen Packstückzahlen steigen auch die Maschinenlaufzeiten und damit auch der Energieverbrauch pro Jahr an.

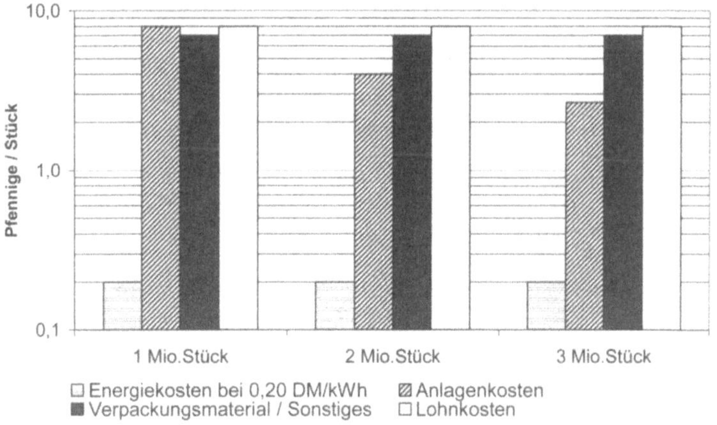

Abbildung 5-36: Kosten der Verpackung bei unterschiedlichen Stückzahlen.

Für die Einstiegsgröße (1 Mio. Packstücke) bedeutet das beispielhaft bei Stundenleistungen von 1.500 Packstücken, eine jährliche Maschinenlaufzeit von ca. 700 h und einen Energieverbrauch von etwa 10.500 - 17.500 kWh. Damit liegen die spezifischen Energieaufwendungen bei ca. 0,011 - 0,018 kWh/Stck. Der Energiekostenanteil bei Verpackungsvorgängen ist damit, bezogen auf die sonstigen Kostenfaktoren (Anlage, Verpackungsmaterial, Arbeit), als untergeordnet zu bezeichnen. Prozentual liegt der Energiekostenanteil erfahrungsgemäß bei unter 1 % der Gesamtkosten.

5.4 Literatur zu Kapitel 5

BÖTTCHER, H. (1996): Frischhaltung und Lagerung von Gemüse. Handbuch der Lebensmitteltechnolgie. Verlag E.Ulmer, Stuttgart.

BREDENBECK, H. (2001): Energieeinsparung durch Wärmedämmung an der Gewächshaushülle, KTBL Darmstadt.

BUNDESFORSCHUNGSANSTALT FÜR LANDWIRTSCHAFT (FAL) (1984): Merkblatt Strom aus: Solarenergie zum Pumpen von Wasser. Braunschweig.

DAMRATH, J. (1980): Tabellen zur Heizenergieermittlung von Gewächshäusern, Hannover.

DIN 3046/1 (1991): Hubkolben- Verbrennungsmotoren- Anforderungen- Normbezeichnungen und Angaben über Leistung, Kraftstoff- und Schmierölverbrauch.

DIN 6280/14 (1997): Blockheizkraftwerke mit Hubkolben-Verbrennungsmotoren, Grundlagen, Anforderungen, Komponenten, Ausführung und Wartung.

DOMKE, O. (1979): Folien zur Wärmedämmung im Zierpflanzenbau. Gartenbau Wirtschaft Nr.16, Österreichischer Agrarverlag, Wien.

DOMKE, O. (1981): Die gerippten Vegetationsheizungsschläuche sind nicht zu verachten. Zierpflanzenbau, 8.

DOMKE, O. (1983): Einsatzmöglichkeiten von Folienhäusern im Erwerbsgartenbau Rheinische Monatsschrift, 1.

DOMKE, O. (1985): Gute Agriplus-Erfahrungen haben sich gefestigt Gb+Gw, Nr. 33.

DOMKE, O. (1985): Mechanische Thermostate im Gewächshaus oft ungenau. Gb+Gw, Nr. 33.

DOMKE, O. (1988): Kessel neu - Heizung neu. Deutscher Gartenbau, Nr.37, 2250-2252.

DOMKE, O. (1992): Klimatisierung und Klimaregelung im Gemüsebau. Gemüse, Nr. 102, 499-501.

DOMKE, O. (1994): Regeltechnik im Gewächshaus. TASPO Gartenbaumagazin, Nr. 94, 36-39.

DOMKE, O. (1997): Heizzentrale optimal auf den Bedarf abstimmen. ZVG Gartenbaureport, Nr. 5, 12-15.

GRUBER W. (2000) Energiesparen in der Außenwirtschaft. LZ Rheinland, Nr. 48, 14-16.

GUDEHUS, H.-C. (1988): Messtechnische Untersuchung beim Pilotvorhaben einer Motorenheizkraftanlage im Betrieb Flüthmann, unveröffentlicht, FH Osnabrück.

HARTMANN, H. (2000): Nachernteverfahren für Holz und Halmgut. Leitfaden Bioenergie, Fachagentur nachwachsende Rohstoffe, Gülzow.

HARTMANN, H.; BÖHM, T.;MAIER, L. (1999): Umweltrelevante Eigenschaften naturbelassener biogener Festbrennstoffe, sowie Möglichkeiten zu deren Beeinflussung. Bayerische Landesanstalt f. Landtechnik (Freising) und Bayr. Staatsministerium für Landesentwicklung und Umweltfragen (HRSG.), München.

HEISE, P. (2001): Die richtige Brennstoffwahl. Taspo Magazin Nr. 1, 40-42.

HENDRIKS, L. (1997): Temperaturreaktionen von Zierpflanzen. Taspo Praxis, Temperaturregelstrategien, Thalacker Medien, 7 – 11.

HOLZ, W. (2000): Dieselverbrauch im Herbst senken. Land & Forst, Nr. 12, 16.

KTBL (HRSG) (1998): Kofermentation, KTBL-Arbeitspapier 249, Darmstadt.

LECKER, F. (1991): Gewächshausheizung mit CO_2-Kanonen. KTBL-Arbeitspapier 160, Darmstadt.

LUDOLPH, D.; HENDRIKS, L. (1989):Dynamische Regelstrategien – Grenzen und Möglichkeiten. Zierpflanzenbau, 4, 150-154.

LUDOLPH, D.; UEBER, E. (2000): Zierpflanzenbau: Produktbezogen Heizkosten sparen!, ZVG Report. Sonderausgabe Energiepreiskrise, 13.

MEYER, J. (1985): Gb+Gw, Nr. 33, 1244-1255.

MEYER, J. (1989): Analyse von Kunstlichtsystemen mit einem modularen Simulationsprogramm zur Datengewinnung. Gartenbautechnische Informationen, Heft 33. Universität Hannover.

OBERNBERGER, I. (1997): Nutzung fester Biomasse in Verbrennungsanlagen unter besonderer Berücksichtigung des Verhaltens aschebildender Elemente. Schriftenreihe Thermische Biomassennutzung, Band 1, Graz.

OBERNBERGER, I.; WIDMANN, W; WURST, W.; WÖRGETTER, M. (1995): Beurteilung der Umweltverträglichkeit des Einsatzes von Einjahrespflanzen und Stroh zur Fernwärmeerzeugung. Jahresbericht zum Projekt der Bund-Bundesländerkooperation, Institut für Verfahrenstechnik, Graz.

RANGE, H. (1984): Waschmaschinen für den Gemüsebau. Gemüse, Sondernummer Technik, 53-56.

RATH, T. (1992): Einsatz wissensbasierter Systeme zur Modellierung und Darstellung von gartenbautechnischem Fachwissen am Beispiel des hybriden Expertensystems HORTEX, Gartenbautechnische Information, Heft 34, Universität Hannover.

RINDSFÜSSER, U. (2000) mündliche Mitteilungen und beispielhafte Kalkulationen zu Verpackungskosten.

RUCKENBAUER, P.; OBERNBURGER, I.; HOLZNER, H. (1996): Erforschung der Verwendungsmöglichkeiten von Asche aus Hackgut- und Rindenfeuerung. Endbericht Forschungsprojekt StU 48 der Bund–Bundesländerkooperation, Institut für Pflanzenbau und Pflanzenzüchtung, Universität für Bodenkultur, Wien.

SCHÖN H.; SOURELL, H.(1984): Beregnungsanlagen und Möglichkeiten zur Energieeinsparung. Mitteilungen aus dem Institut für Betriebstechnik der Bundesforschungsanstalt für Landwirtschaft (FAL), Braunschweig.

SCHÜCO (2001): Firmeninformationen, Bielefeld.

STRAUCH, K.-H. (1997):Aus Messfehlern werden Kulturfehler. Taspo Praxis, Temperaturregelstrategien, Thalacker Medien,136 - 150.

STRAUCH, K.-H. (1997):Technische Voraussetzungen für neue Regelstrategien. Taspo Praxis, Temperaturregelstrategien, Thalacker Medien, 110 - 135.

TANTAU, H.-J. (1982): Heizungssysteme im Gewächshaus. Gartenbautechnische Information, Heft 1, 2. Auflage, Universität Hannover.

TANTAU, H.-J. (1990): Heizungssysteme im Gartenbau. Erdgas-Information: Erdgaswirtschaftliche und umweltfreundliche Energie für den Gartenbau, Nr. 2.

TANTAU, H.-J. (1997):Energiesparstrategien. Taspo Praxis, Temperaturregelstrategien, Thalacker Medien, 28 - 36.

VON ZABELTITZ, C.(HRSG.) (1982): Energieeinsparung und alternative Energiequellen im Gartenbau. Verlag Eugen Ulmer, Stuttgart.

WAWRA, A. (2001): Energieverbrauch senken. Deutscher Gartenbau, 5, 16.

WEISHAUPT (1998): Firmenunterlagen.

WEISHAUPT (2000): Firmenkatalog und Preisliste 2000.

WIEBKING, K. (2000): Die Zukunft hat erst begonnen. Top Agrar extra, Biogas. Landwirtschaftsverlag Münster.

6 Instrumente zur Unterstützung der Rationellen Energienutzung

Die Möglichkeit zur Energieeinsparung im eigenen Betrieb ist in vielen Fällen auch ohne große Investitionen in neue Techniken gegeben. Die in Kapitel 5 aufgezeigten Möglichkeiten verdeutlichen, dass auch mit technisch einfachen Mitteln und bei relativ geringem Kostenaufwand beachtliche Erfolge erzielt werden können. Neuere Entwicklungen aus der Wissenschaft im Bereich der Energieeinsparung, wie z.B. spezielle Bedachungsmaterialien, sind zur Zeit noch nicht praxisreif, so dass zunächst einmal vorhandene Möglichkeiten zur Energieeinsparung eingesetzt werden sollten (TANTAU, 2001). Zudem bringen technisch aufwendige Systeme mit großem finanziellen Aufwand bei nicht optimaler Ausführung nicht den gewünschten Erfolg. Beim Einbau von Energieschirmen kommt es beispielsweise in erster Linie darauf an, durch eine durchdachte Materialauswahl und exakt ausgeführte Handwerksarbeit einerseits den Einspareffekt zu erzielen und andererseits Licht- und Luftfeuchteprobleme zu vermeiden.

Zwar kann bei der Vielzahl der unterschiedlichen Betriebsstrukturen nicht ein allgemeingültiges Rezept zur Energieeinsparung aufgestellt werden, aber mit der Aufstellung eines betrieblichen Energiekonzeptes kann jeder Betrieb in die Lage versetzt werden, seinen eigenen Energieverbrauch zu ermitteln und Schwachstellen zu erkennen. Dabei geht es nicht ausschließlich um die Reduzierung des Energieeinsatzes, sondern auch um die Optimierung des Betriebserfolges.

In Anlehnung an die Methoden zur Entscheidungsfindung und Planung sind für die Erstellung eines betrieblichen Energiekonzeptes die in Abbildung 6-1 dargestellten Arbeitsschritte erforderlich (vgl. KUHLMANN, 1978).

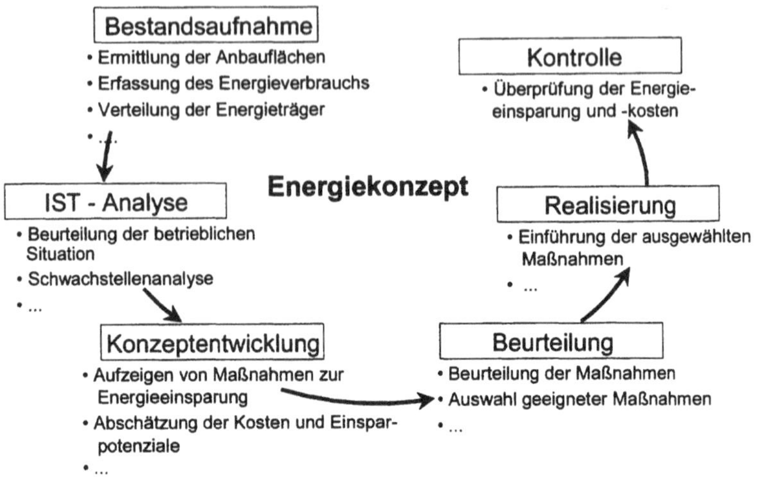

Abbildung 6-1: Arbeitsschritte zur Erstellung eines betrieblichen Energiekonzeptes.

Im Rahmen einer energieorientierten Betriebsanalyse werden damit folgende Ziele verfolgt:

- Kenntnis und Information über die Energieversorgungs- und -einsatzstrukturen innerhalb des Betriebes sowie über die möglichen Einspar- und Optimierungspotenziale,
- Sensibilisierung der Unternehmensleitung in Hinblick auf mögliche Kosteneinsparungen durch rationelle Energienutzung,
- Motivation von Mitarbeitern und Kollegen zum rationellen Umgang mit Energie.

Vor diesem Hintergrund können folgende Prinzipien für die Betriebsanalyse formuliert werden:

1. Die Analyse sollte strukturiert und in zwei Schritten durchgeführt werden: zunächst eine Grobanalyse, anschließend bei Bedarf eine Feinanalyse, in der beispielsweise bei größeren Investitionen ein Investitionsplan aufgestellt und eine Wirtschaftlichkeitsberechnung durchgeführt wird. Die Ergebnisse und Informationen der beiden Untersuchungsabschnitte ergänzen einander.

2. Es ist nicht erforderlich, alle Betriebsbereiche mit derselben Detaillierung zu betrachten. Verbesserungspotenziale lassen sich auf den unterschiedlichen Detaillierungsstufen finden. Der sorgfältigen Auswahl der näher zu untersuchenden Bereiche kommt daher besondere Bedeutung zu.

3. Vor der Durchführung einer Detailanalyse sollten Ziele festgelegt werden, bevor mit aufwendigen Messungen begonnen wird. Dies verhindert, dass unnötige Daten erhoben bzw. relevante Daten vergessen werden.

6.1 Energieorientierte Betriebsanalyse

Im folgenden wird ein kurzer Überblick über die wesentlichen Schritte einer energieorientierten Betriebsanalyse dargestellt. Hierbei müssen besonders die betriebsspezifischen Besonderheiten des Gartenbaus berücksichtigt werden.

Zur Unterstützung der betrieblichen Energieanalyse werden zu den einzelnen Punkten entsprechende Instrumente und Werkzeuge vorgestellt.

Grobanalyse

Energiecheck

Der erste Schritt der Betriebsanalyse dient dazu, eine Bestandsaufnahme des Betriebes durchzuführen (vgl. Tab. 6-1). Hierzu gehört neben der Ermittlung von Kulturflächen und angebauten Kulturen auch die Ermittlung von Energieverbräuchen und -kosten sowie deren Entwicklung über die letzten Jahre.

Tabelle 6-1: Schritte einer Grobanalyse.

	Grobanalyse - Schritte und Maßnahmen
☑	Aufstellung der Verbrauchswerte aller eingesetzten Energieträger und Energiearten über die letzten Jahre.
☑	Vergleich der erhobenen Kennzahlen mit entsprechendem Modellbetrieb.
☑	Durchführung eines Energiechecks für den Gesamtbetrieb und Festlegung von Schwachstellen.
☑	Auswertung der Verträge mit den Energieversorgern. Prüfung von Möglichkeiten der Senkung von Bedarfsspitzen bzw. Erhöhung der Benutzungsdauer.

Für eine Analyse der betrieblichen IST-Situation liefert in vielen Fällen schon die Überprüfung der vorhandenen Technik ausreichend Anhaltspunkte, um auf Mängel aufmerksam zu machen. Für den Unterglasanbau findet sich eine Checkliste im Anhang (Checkliste 'Energieeinsatz im Unterglasanbau'), anhand derer sich die wichtigsten Ansatzpunkte zumeist visuell überprüfen und Schwachstellen erkennen lassen. Zum Teil werden Pflege- und Wartungsarbeiten per Wartungsvertrag geregelt, die Kontrolle der Termineinhaltung und eine Vielzahl zusätzlicher Wartungs- und Pflegeaufgaben verbleiben aber beim Betrieb und müssen im Betriebsablauf berücksichtigt werden.

Zu den wichtigsten im Rahmen des Energiechecks erfassten Bereiche gehören:

1. Gewächshaushülle, inklusive aller Konstruktionsteile und Materialien,
2. Heizungsanlage mit Kessel, Brenner, Verteilanlagen und Rohrssystemen sowie
3. Mess- und Regeltechnik inklusive Regelgeräten, Fühlern und Reglereinstellungen.

Die Ermittlung der jährlichen Verbräuche kann anhand der vorliegenden Abrechnung zum Strom-, Erdgas- oder Heizölbezug erfolgen. In den meisten Fällen lässt sich diese Größe, wenn auch mit kleinen Fehlern behaftet, leicht ermitteln (vgl. Kapitel 3). Der Vergleich dieser Kennzahlen mit denen anderer Betriebe ist meist von großem Interesse (siehe Kap. 3 und Kap. 4), wobei die Vergleichbarkeit unterschiedlicher Betriebe aufgrund verschiedener Betriebsstrukturen nur begrenzt möglich ist. Trotzdem erlaubt der Vergleich dieser Verbrauchskennzahlen mit den für die Modellbetriebe ermittelten Werten eine Einschätzung des Betriebes.

Die Durchführung der beschriebenen Schritte verschaffen bereits einen guten Überblick über die Energieversorgungs- und -verbrauchssituation im Betrieb.

Optimierung des Energieeinsatzes bedeutet weiterhin, mit einem bestimmten Energieaufwand einen maximalen ökonomischen Ertrag zu erwirtschaften, wobei der Energieaufwand so gering wie möglich gehalten werden muss. Hierfür ist die Ermittlung des flächenbezogenen Verbrauchs nicht so gut geeignet, besonders, wenn mehrere Kulturen in einem Gewächshaus stehen und unterschiedliche Sätze kultiviert werden. Um die Anbauwürdigkeit einer Kultur und den betriebswirtschaftlichen Vorteil eines Anbauprogramms beurteilen zu können, ist dagegen eine komplexe Betrachtung aller Kostenfaktoren (einschließlich des Heizmaterialaufwandes je verkaufsfähiger Produkteinheit) erforderlich (vgl. Kap. 5.1.4).

Detailanalyse

Im Verlauf der Detailanalyse werden einzelne Bereiche, Prozesse und Anlagen einer detaillierten technischen Analyse unterzogen. Diese Untersuchungen sind nicht generell planbar, sondern müssen für den Einzelfall angepasst und strukturiert werden. Es ist erforderlich, alle Einflussgrößen klimatischer, technischer und betrieblicher Art in ihren Wirkungen einzubeziehen. Mit der Kenntnis über die Bereiche mit der größten energiewirtschaftlichen Bedeutung lassen sich diese mittels Energiebilanzen analysieren. Im Unterglasgartenbau ist dies eindeutig die Beheizung der Gewächshäuser.

Eine mögliche Vorgehensweise für eine Detailanalyse am Beispiel der Gewächshausbeheizung ist in Tabelle 6-2 dargestellt.

Tabelle 6-2: Schritte und Maßnahmen von Detailanalysen (Beispiel).

Schritte und Maßnahmen

	Feinanalyse - Schritte und Maßnahmen Beispiel- Gewächshausheizung
☑	Aufstellung von Energiebilanzen an den wichtigsten thermischen Anlagen (z. B. Wirkungsgrade vom Kessel, BHKW).
☑	Erfassung der wichtigsten Energieströme im Betrieb (Brennstoffmengen, Heizbedarf für einzelne Abteilungen, Energieeinsatz in einzelnen Abteilungen).
☑	Erfassung der wichtigsten Erwärmungs- und Abkühlprozesse im Betrieb (z.B. Temperaturdifferenz Vorlauf-Rücklauf, Volumenströme, Heizrohrtemperaturen).
☑	Vergleich und Bewertung der bestehenden Energieanlagen mit alternativen Heizungssystemen und Wärmeerzeugungsanlagen (– Simulation des Energieverbrauchs mit unterschiedlichen Heizsystemen und Wärmeerzeugern).

Für die erforderlichen Ermittlungen und Berechnungen von Heizbedarf und Energiemengen stehen Kalkulations- und Simulationsprogramme, wie z.B. HORTEX (RATH, 1992) zur Verfügung. Anhand betriebsrelevanter Daten über Gewächshausflächen, -

bauweise und -ausstattung sowie Temperaturniveaus und standardisierter Wetterdaten lassen sich spezifische Energiebedarfsstrukturen errechnen und die Auswirkungen verschiedener Maßnahmen auf den Energieeinsatz feststellen.

Neben der technischen Bewertung sind auch die ökonomischen Aspekte zu beachten, um für den jeweiligen Fall das betriebliche Optimum zu erreichen. Hierbei können Programme zur Anbauplanung und kostenmäßigen Beurteilung von Kulturprogrammen sehr hilfreich sein (vgl. Kapitel 5.1.4). Eine Aufschlüsselung der Verbrauchswerte und Kosten nach Kulturen, Abteilungen o.ä. ist aufwendig, kann aber zu einer Zuordnung der Kosten beitragen und somit die betriebliche Investitionsplanung unterstützen.

6.2 Energiemanagement

Das Ziel des betrieblichen Energiemanagements ist die Reduzierung der Energiekosten durch die rationelle Bewirtschaftung des Betriebes mit Energie. Betriebliches Energiemanagement erstreckt sich auf die Funktionsbereiche:

- Energie-Bezug
- Energieumwandlung und Bereitstellung der Einsatzenergie
- Energieverteilung und -weiterleitung
- Energieanwendung in der Produktion
- Energieanwendung in den Hilfs- und Nebenbereichen
- Energieentsorgung, -rückgewinnung, -verkauf

Das Zusammenspiel der Funktionsbereiche und deren Komponenten beeinflussen den rationellen Energieeinsatz und das betriebswirtschaftliche Optimum entscheidend. Die ausschließliche Orientierung auf die Bezugskosten kann dabei nicht ausreichen. Vielmehr muss das Ziel des Energiemanagements sein, alle Betriebskosten, an denen energierelevante Kosten direkt oder indirekt beteiligt sind, zu senken.(SCHIEFERDECKER, 1999). Es nutzt z.B. nichts, wenn die Kosten für den Energiebezug durch Umstellung auf andere Energieträger gesenkt werden, durch schlechtere Wirkungsgrade der Kesselanlage die Wärmebereitstellung aber erheblich teurer wird.

Für den Betriebsleiter ist ausschlaggebend, mit einem bestimmten Energieaufwand einen maximalen ökonomischen Ertrag zu erwirtschaften.

Aufteilung Grund- und Spitzenlast

Der zunehmende Einsatz von nachwachsenden Rohstoffen für die Gewächshausbeheizung im Zuge der Energiepreisverteuerung für Öl und Gas sowie die Entwicklungen im Zusammenhang mit der Liberalisierung der Gasversorgung erhöhen für Gartenbaubetriebe das Interesse an einem 'Energiemix' für die Beheizung der Gewächshäuser. Eine Aufsplittung der Heizlast bietet sich besonders beim Einsatz von Festbrennstoffen wie Kohle oder Holz an, da aufgrund der eingeschränkten Regelmöglichkeiten eine möglichst lange Betriebsdauer der Festbrennstoffheizung im Vollastbetrieb gewünscht wird. Die Spitzenheizlast wird in diesen Fällen dann mit Heizöl- oder Erdgas abgedeckt.

Aus Abbildung 6-2 wird ersichtlich, dass mit einer Heizleistung von ca. 40% des Auslegungswärmebedarfs auch bei hohen Heiztemperaturen i.d.R. mehr als 80% des Jahresheizenergiebedarfs gedeckt werden kann.

Die Aufteilung der erforderlichen Heizleistung auf unterschiedliche Energieträger muss aufgrund der Analyse der betrieblichen Energiebedarfsstruktur erfolgen. Solange der Wärmebedarf mit jeweils einer Heizanlage erzeugt werden kann, ist die Wahl der für den Betrieb aktuell kostengünstigeren Energieträger möglich.

Beim Einsatz von Erdgas werden von verschiedenen Versorgungsunternehmen für Gartenbaubetriebe spezielle Liefervereinbarungen, sog. 'abschaltbare Verträge' angeboten. In diesen sind meist deutliche Preisnachlässe für die Gasabnahme vereinbart, aber auch, dass für eine bestimmte Zeitdauer pro Jahr nach vorhergehender Ankündigung die Lieferung mit Erdgas ausgesetzt werden kann. Um die erforderliche Wärmebereitstellung zu sichern, ist das Bereithalten eines anderen Energieträgers mit der entsprechenden Verbrennungstechnik nötig. Wird dafür Heizöl gewählt, stehen sog. Zweistoffbrenner zur Verfügung, die die Verbrennung von Erdgas und Heizöl in der gleichen Kesselanlage ermöglichen. Dadurch können Investitionen und Betriebskosten gegenüber einer Anlage mit separaten Kesseln reduziert werden.

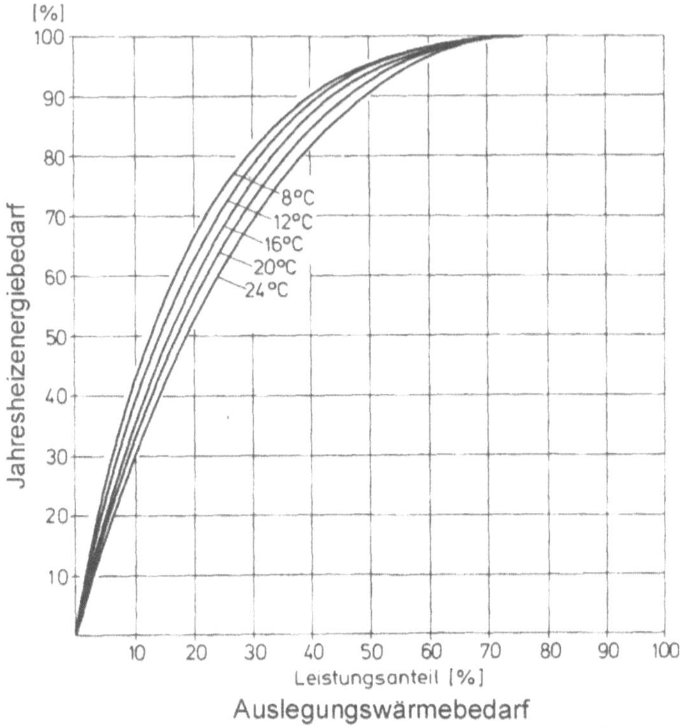

Abbildung 6-2: Deckung des Jahresheizenergiebedarfs für verschiedene Innentemperaturen bei unterschiedlichen Leistungsanteilen vom Auslegungswärmebedarf (MEYER in VON ZABELTITZ, 1982).

Durch die Liberalisierung des Gasmarktes ist in Zukunft die betriebliche Energieversorgung über verschiedene Lieferanten möglich. Unabdingbare Voraussetzung für effektive Preisverhandlungen sind die Optimierung des Energieeinsatzes und die Kenntnis der betrieblichen Verbrauchsstrukturen. Hierfür können als erste Orientierung die im Kapitel 4 beschriebenen Modellbetriebe herangezogen werden. Die Bedarfsmenge für Heizenergie auf Wochen- oder Tagesbasis und die Jahresdauerlinie der Heizleistung können mit Hilfe von Kalkulations- und Simulationsprogrammen betriebsspezifisch ermittelt werden (siehe Kap. 4). Sie sind als

Grundlage für Lastaufteilung und Liefervereinbarungen heranzuziehen.

Strom

Die Höhe und der Jahresgang des Stromverbrauchs von Gartenbaubetrieben sind sehr unterschiedlich und abhängig vom Kulturprogramm, der Betriebsausstattung und den Flächenanteilen. Für die Modellbetriebe liegt der Stromverbrauch zwischen 19.000 und 21.1000 kWh/Jahr (siehe Kap. 4.2).

Bei Überschreiten eines bestimmten Wertes für die in Anspruch genommene elektrische Anschlussleistung wird i.d.R. bei der Berechnung des Strompreises ein Leistungsanteil verbucht. Dieser Grenzwert ist von gesetzlicher Seite auf 30 kW Anschlussleistung festgelegt, wird von den Stromversorgungsunternehmen aber unterschiedlich gehandhabt. Die vom Betrieb abgenommene Leistung wird laufend ermittelt und für jedes kW der Höchstleistung wird ein Preis verrechnet. Die gängigen Abrechnungsformen der Leistungsmessung sind die ¼-Stunden-Messung und die 96 h-Messung.

In Abbildung 6-3 ist ein Beispiel für Stundenleistungswerte in einen ausgewählten Monat in einen Zierpflanzenbaubetrieb dargestellt. Die Kurve zeigt etliche Spitzen, die vom Durchschnitt weit abweichen (GUDEHUS UND WILMS, 1999).

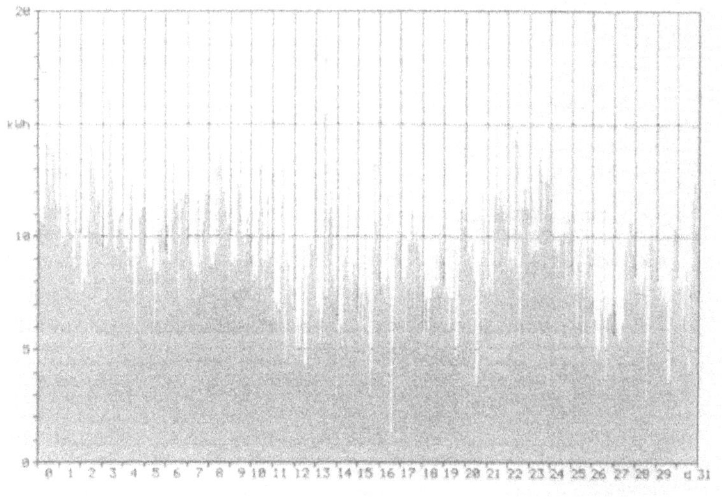

Abbildung 6-3: Stundenmittelwerte der elektrischen Leistung (ohne Bewässerung) für einen Zierpflanzenbetrieb im Monat Dezember 1998 (GUDEHUS UND WILMS, 2000).

Da diese Lastspitzen über die Höhe der Stromrechnung entscheiden können, ist es in vielen Fällen sinnvoll, Vorkehrungen zu treffen, um einzelne Leistungsspitzen zu reduzieren. Die Maßnahmen können sehr unterschiedlich sein, da bestimmte elektrische Verbraucher zeit- und arbeitsgebunden eingesetzt werden müssen.

Durch eine Überprüfung der Zeitabläufe, die Verschiebung von Startzeiten oder eine Verriegelung gegen andere elektrische Verbraucher können jedoch abrechnungsrelevanten Leistungen gesenkt werden. Diese Möglichkeiten sollten insbesondere bei Kühlanlagen und Anlagen zur Pflanzenbelichtung berücksichtigt werden. Seit 1998 ist in Deutschland der Strommarkt liberalisiert, d.h. jeder kann seinen Stromlieferanten frei wählen. Auch für einzelne Gartenbaubetriebe oder für einen Zusammenschluss von Betrieben kommen zur Deckung des betrieblichen Strombedarfs verschiedenen Anbieter in Frage. Bei Vertragsverhandlungen mit Energieversorgungsunternehmen über Sondervereinbarungen sollten folgende Bestandteile genau geprüft werden:

1. Jahresleistungspreis
   Das ist der Preis, der für jedes angefangene Kilowatt der Jahreshöchstleistung berechnet wird.

2. Leistungspreisbonus
   Das ist der Betrag, den der Stromkunde vergütet erhält, wenn er eine bestimmte Jahresbenutzungsdauer erreicht oder überschreitet. Dafür erhält der Kunde einen Rabatt, der sich in einer Reduzierung des Jahresleistungspreises niederschlägt.

3. Arbeitspreis
   Die Arbeitspreise sind für Tag- und Nachtstrom getrennt ausgewiesen. Sie sind z.T. gestaffelt nach Mengenzonen, d.h. für die ersten 100.000 kWh müssen z.B.9 EUROCent/kWh und für die nächsten 100.000 kWh nur noch 7 EUROCent/kWh gezahlt werden. Auch hier muss sich der Unternehmer ein Bild darüber verschaffen, wie hoch sein Jahresverbrauch ist oder wie dieser sich entwickeln wird. Nur dann kann er beurteilen, ob er überhaupt günstigere Staffelpreise nach Mengenzonen erreicht.

4. Blindstrom
   Elektrische Verbraucher, wie z.B. Elektromotoren, erzeugen während der Anlaufphase und während des Betriebes sogenannte Blindströme. Das sind Leistungen, die aus dem Netz gezogen werden, und von speziellen Zählern, den sog. Blind-

stromzählern messtechnisch erfasst werden. Auch dies führt zu einer Erhöhung des Strompreises.

5. Niederspannungszuschlag
   Das ist ein Zuschlag der dafür erhoben wird, dass die Sonderverträge oftmals für Mittelspannungskunden (10 – 20 kV) mit eigener Trafostation ausgelegt wurden und entsprechende prozentuale Zuschläge bei niederspannungsseitiger Versorgung gefordert werden (Niederspannung = Strom aus der Steckdose, 230 – 400 V).

6. Tarifzeiten
   Darunter ist die Dauer der Tag- und Nachtstromzeiten zu verstehen, Sommer- und Winterlastregelungen. Da gerade im Winter besondere Leistungsspitzen bei den Stromversorgern auftreten, werden z.B. im Winter höhere Strompreise berechnet als im Sommer. Der Grund dafür sind bestehende Kraftwerkskapazitäten, die im Sommer nicht ausgenutzt werden. Das gleiche gilt für die Nachtzeit, in der der Strom grundsätzlich billiger ist.

7. Preisanpassungsklausel
   Oftmals befinden sich Klauseln in den Verträgen, nach denen die Preise sich erhöhen oder erniedrigen. Auch dies muss genau besprochen und geprüft werden.

8. Vertragslaufzeit
   Dies ist einer der wichtigsten Punkte, da eine lange Vertragslaufzeit sich für den Stromkunden sehr unangenehm auswirken kann, wenn neue Tarife aufgelegt werden oder die Strompreise in anderen Bereichen sinken.

9. Mindestleistung
   In Sonderverträgen wird meist eine Mindestleistung vereinbart, z.B. 100 kW. Benötigt der Unternehmer später nur 70 kW, muss er trotzdem die Mindestleistung bezahlen.

   Tipp: Sonderverträge immer vom Spezialisten überprüfen lassen. Hohe Leistungspreise, Mindestleistungen, lange Vertragslaufzeiten etc. bergen hohe Kostenrisiken. Verlangen Sie immer eine Vergleichsrechnung auf Basis der Vorjahreswerte. Gehen Sie keine langen Laufzeiten ein. Verlangen Sie für die Ermittlung des Leistungsbedarfs eine Anlaufzeit. (www.stromkosten.de, 2001; verändert).

Für das betriebliche Energiemanagement werden in den Betrieben des Gartenbaus in der Regel keine eigene Strukturen geschaffen. Es gibt jedoch eine ganze Reihe von Möglichkeiten, Energie effizienter einzusetzen und damit Kosten zu reduzieren. Dies ist nicht immer in gleicher Weise möglich und hängt sehr stark von den technischen und pflanzenbaulichen Gegebenheiten ab. Einige kleinere Veränderungen können sich aber auch aufsummieren und eine beachtliche Verbrauchs- und Kostenreduzierung erzielen.

6.3 Literatur zu Kapitel 6

GUDEHUS, H.-C.; WILMS, D. (2000): Abschlussbericht des FuE-Vorhabens der AEL Arbeitsgemeinschaft für Elektrizitätsanwendung in der Landwirtschaft e.V. zum 2. Messprogramm im Betrieb Opschroef. Fachhochschule Osnabrück.

KUHLMANN, F. (1978): Einführung in die Betriebswirtschaftslehre für den Agrar- und Ernährungsbereich. DLG-Verlag, Frankfurt a.M., 233-245.

RATH, T. (1992): Einsatz wissensbasierte Systeme zur Modellierung und Darstellung von gartenbautechnischem Fachwissen am Beispiel des hybriden Expertensystems Hortex, Gartenbautechnische Information, Heft 34, Universtät Hannover.

SCHIEFERDECKER, B. (1999): Energiemanagement im Unternehmen. In: Betriebliches Energiemanagement, VDI-Verlag GmbH, Düsseldorf.

TANTAU, H.-J. (2001): Vorhandene Möglichkeiten nutzen - Interview zur Energieeinsparung und neuen technischen Entwicklungen. TASPO 37, 8.

VON ZABELTITZ, C.(HRSG.)(1982): Energieeinsparung und alternative Energiequellen im Gartenbau. Verlag Eugen Ulmer, Stuttgart.

7 Finanzierung

Wie in Kapitel 4 und 5 eingehend beschrieben, sind bedeutende Energieeinsparungen in vielen Betrieben mit nur geringen Investitionen verbunden. Eine Reihe weiterer Maßnahmen erfordert aber erheblichen Kapitalaufwand für die Umsetzung und belastet die Liquidität der Betriebe.

Generell ist für die Inanspruchnahme staatlicher Finanzierungshilfen oder marktüblicher Bankkredite in der Regel ein Mindestanteil an eigenen Mitteln in Form einer Eigenkapitalbeteiligung oder eines eigenkapitalähnlichen Darlehens einzubringen. Zu den Eigenmitteln zählen neben Barvermögen auch Sacheinlagen in Form betriebsnotwendiger Güter und/oder Finanzmittel. Dem Eigenkapital kommt bei der Projektfinanzierung eine besondere Bedeutung zu, da dieses einerseits meist zur Finanzierung der Planungs- und Vorlaufphase benötigt wird und anderseits eine wesentliche Voraussetzung für eine Kreditvergabe durch die Banken darstellt. Können die benötigten Eigenmittel nicht oder nur teilweise erbracht werden, kann durch die Einbeziehung zusätzlicher Anteilseigner und Partner das Eigenkapital erhöht werden.

Neben der klassischen Finanzierung über Eigen- und Fremdkapital gibt es für Maßnahmen im Energiebereich auch Möglichkeiten der Förderung und des Contracting. Die Adressen von Institutionen und Ansprechpartnern, die in diesen Bereichen weiterhelfen können, werden im Anschluss genannt.

7.1 Förderung mit Zuschüssen

Auf Landes- Bundes- und EU-Ebene werden zahlreiche Förderprogramme angeboten, die die rationelle Energieverwendung und die verstärkte Nutzung erneuerbarer Energien unterstützten. Neben den öffentlichen Stellen werden entsprechende Projekte teilweise auch von Energieversorgungsunternehmen und verschiedenen Umweltstiftungen gefördert.

In der Regel ist eine Antragsstellung sowie die Bewilligung für das zu fördernde Vorhaben vor Projektbeginn erforderlich. Der

Förderumfang ist dabei stark von der Größe des Unternehmens und vom innovativen Charakter des Projektes abhängig.

Die Verfügbarkeit von Fördergeldern für Projekte hängt jeweils von den Hauhaltsplänen in Bund und Ländern ab. Aufgrund von Mittelkürzungen in laufenden Förderprogrammen oder einer Haushaltssperre kann es zu Verzögerungen bei der Bewilligung von Fördermitteln kommen. Aus diesem Grund empfiehlt es sich, jeweils rechtzeitig aktuelle Informationen zu den Fördermöglichkeiten bei den zuständigen Stellen einzuholen.

Aus Gründen der Übersichtlichkeit sind nachfolgend nur die wesentlichen Förderprogramme für landwirtschaftliche Betriebe des Gartenbaus ausführlicher dargestellt. Auf entsprechende Förderprogramme des Bundes wird abschließend verwiesen.

Agrarinvestitionsförderprogramm (AFP)

Im Rahmen des Agrarinvestitionsförderprogramms werden Investitionen landwirtschaftlicher Betriebe im Bereich Energieeinsparung und Rationelle Energienutzung im "Sonderprogramm Energieeinsparung" noch bis Ende 2002 gefördert. Im einzelnen gefördert werden:

- Neubau energiesparender Gewächshäuser inklusive der Abrisskosten,
- Wärme- und Kältedämmungsmaßnahmen,
- Wärmerückgewinnungsanlagen,
- Wärmepumpen, Solar- und Biogasanlagen sowie Anlagen zur Verfeuerung fester Biomasse,
- Umstellung auf umweltverträgliche Energieträger (Holz, Erdgas, Fernwärme inklusive Anschluss an das Fernwärmenetz),
- verbesserte Energieerzeugung und -leitung,
- Steuerungs- und Regeltechnik, sowie
- bessere Raumausnutzung in Gewächshäusern.

In diesem Programmbereich sind Nettoinvestitionen zwischen 10.000,- und 102.000,-EURO förderfähig. Nach dem derzeitigen Stand der Förderrichtlinien in NRW wird hierfür ein Zuschuss in Abhängigkeit von der Einkommenshöhe des Antragstellers zwischen 24 und 30 % der förderfähigen Investitionen gewährt. Für größere Investitionen kann im Programmbereich "kombinierte Förderung" ein Zuschuss für Baumaßnahmen in Höhe von 10 %

der Baukosten (max. 16.000,-EURO) und ein Zinszuschuss zwischen 23 und 31 % gestaffelt nach Einkommen des Antragstellers beantragt werden. Förderberechtigt sind ausschließlich landwirtschaftliche Unternehmer. Aktuelle Informationen zu Förderichtlinien und Antragsstellung in NRW finden sich unter: www.gartenbauzentrum.de.

Holzabsatzförderung (HAFÖ)

In NRW wird eine Förderung zur Verbesserung des Einsatzes von Holz bei der energetischen Verwertung (HAFÖ) gewährt. Ziel ist es, besonders den Holzabsatz für die thermische Verwertung von Waldholz und naturbelassenem Rest- und Altholz zu fördern. Im Einzelnen fallen folgende Maßnahmen hierunter:

- Vorarbeiten (Analysen, Stellungnahmen, Erhebungen) und
- Investitionen für die Errichtung bzw. den Erwerb von automatisch beschickten und geregelten Feuerungsanlagen bis 40 MW.

Förderberechtigt sind Privatpersonen und kommunale Einrichtungen. Die Förderung wird in Form einer Anteilfinanzierung bis zu 40 % der zuwendungsfähigen Ausgaben mit einem Höchstbetrag von bis zu 500.000.- EURO je Maßnahme gewährt. Aktuelle Informationen finden sich im Internet unter:

www.gartenbauzentrum.de, www.forst.nrw.de

Weiterführende Informationen zu Förderprogrammen für Gartenbaubetriebe können bei den Landwirtschaftskammern oder Ämtern für Landwirtschaft des jeweiligen Bundeslandes angefragt werden.

REN-Programm "Breitenförderung"

Im Förderprogramm zur "Rationellen Energienutzung im Unternehmen“ des Landes NRW werden im Programmbereich "Breitenförderung" die rationelle Energieverwendung und die Nutzung unerschöpflicher Energiequellen gefördert. Das Programm beschränkt sich auf Vorhaben innerhalb des Landes NRW, mit denen vor Bewilligung noch nicht begonnen wurde.

Dabei besteht eine Fördermöglichkeit für Errichtung, Reaktivierung und Ausbau folgender Systeme und Anlagen:

- Regeltechnische Einrichtungen computergestützter Mess-, Regel- und Speichersysteme mit mindestens 15 % verbesserter Energienutzung (bei Energieschirmen mindestens 30 %),
- Abwärmenutzungsanlagen (ohne Wärmerückgewinnung in Wohnungen und ohne Brennwertheizgeräte),
- Wärmepumpen für Heizung und Warmwasser, die direkt mit fossilen Brennstoffen oder thermisch betrieben werden,
- Elektrowärmepumpen für Heizung und Warmwasser, wenn der jährliche Heizwärmebedarf 25 % niedriger ist als nach Wärmeschutz-Verordnung 1995 (Niedrigenergiegebäude), nicht gefördert werden luftgekoppelte Wärmepumpenanlagen,
- Solarkollektoren für Brauchwasser in Gewerbebetrieben,
- Biomasse- und Biogasanlagen zur Strom- und Wärmeerzeugung mit Netzanbindung,
- Biomasseanlagen zur Wärmeerzeugung in Verbindung mit einem Solarkollektor in Niedrigenergiehäusern,
- Wasserkraftanlagen bis 1000 kW_{el} installierter Leistung),
- Fotovoltaikanlagen mit Netzanbindung ab einer Mindestleistung von 1, 5 kW_{el} mit Gebäudeintegration und 5 kW_{el} ohne Gebäudeintegration,
- sonstige Anlagen, Systeme und Einrichtungen zur rationellen Energieverwendung und Nutzung unerschöpflicher Energiequellen mit vorheriger Zustimmung des Ministeriums.

Förderberechtigt sind natürliche und juristische Personen sowie kleine und mittlere Unternehmen gemäß Definition der EU.

Die Förderung wird bei zuwendungsfähigen Anlagen bis 500.000 EURO als Zuschuss gewährt, wobei der Zuschuss derzeit für den Einbau von Energieschirmen und Klimacomputern 15 % beträgt. Weiterführende Informationen zu Richtlinien und Antragsstellung finden sich unter:

www.gartenbauzentrum.de,
www.mswks.nrw.de/ministerium/kurzren.htm.

Daneben werden im REN auch die Programmbereiche "Technische Entwicklung“ und "Demonstrationsförderung“ angeboten. Im ersteren steht die Durchführung von innovativen technischen Entwicklungsvorhaben mit folgenden Bereichen im Vordergrund:

- Produkte und Verfahren zur rationellen Energie- und Rohstoffnutzung,
- Wasserstoff- und Solartechnologien,
- Nutzung regenerativer Energiequellen,
- Umweltfreundlicher Kohleeinsatz in der Kraftwerkswirtschaft sowie
- Untersuchungen zur Einführung neuer Technologien.

Voraussetzung ist, dass die Vorhaben über den Rahmen eines Einzelprojektes hinaus Pilotcharakter haben und dadurch ein Multiplikationseffekt zu erwarten ist. Die Förderquote kann bis zu 50 % der entwicklungsrelevanten Kosten betragen. Ansprechpartner für das Programm ist der Projektträger ETN im Forschungszentrum Jülich.

Im Rahmen der Demonstrationsförderung werden Projekte

- zur Nutzung regenerativer Energiequellen und
- zur rationellen Energienutzung

mit Demonstrationscharakter gefördert. Diese Vorhaben werden ebenfalls mit Fördersätzen bis zu 50 % der zuwendungsfähigen Ausgaben unterstützt. Ansprechpartner für das Programm ist der Projektträger ETN im Forschungszentrum Jülich.

7.2 Förderung mit zinsverbilligten Darlehen

Im Gegensatz zu Bankkrediten sind Förderkredite zinsverbilligte langfristige Darlehen, die von Institutionen zur Verfügung gestellt werden. Sie unterscheiden sich von Bankkrediten wie folgt:

- Die Kreditzinsen liegen unterhalb des Kapitalmarktniveaus.
- Es handelt sich um Festzinsen mit langen Laufzeiten.
- Außerplanmäßige Tilgung ist ohne Zahlung einer Vorfälligkeitsentschädigung möglich.
- Anlaufjahre sind teilweise tilgungsfrei.
- Die Kredite sind mit weiteren Fördermitteln der Bundesländer und der EU kumulierbar.

Einige öffentlich-rechtliche Kreditinstitute bieten derartige zinsgünstige Darlehen an. Die derzeit wichtigsten Einrichtungen, die Förderkredite vergeben, werden nachfolgend benannt.

Finanzierungsprogramme der Landwirtschaftlichen Rentenbank (LR)

Die Landwirtschaftliche Rentenbank als zentrales Refinanzierungsinstitut der deutschen Agrar- und Ernährungswirtschaft unterstützt mit ihren Beratungs- und Finanzierungsangeboten agrarbezogene Vorhaben aller Art.

Aus dem **Sondervermögen** der LR werden im Programmbereich "Landwirtschaft/Junglandwirte" Investitionen in landwirtschaftliche Unternehmen gefördert, die folgende Maßnahmen beinhalten:

- Rationalisierung und Verbesserung der Pro-duktions- und Arbeitsbedingungen,
- Maßnahmen zur Energieeinsparung und
- Projekte des Umwelt- und Naturschutzes.

Hierfür werden zinsgünstige Kredite mit langen Laufzeiten und tilgungsfreien Anlaufjahren zur Verfügung gestellt. Das Junglandwirteprogramm kann nur von Einzelunternehmern (das Höchstalter bei Antragstellung darf 40 Jahre nicht überschreiten), der Hofübergabe vorgeschalteten Betriebsgemeinschaften, soweit einer der Beteiligten als Junglandwirt gilt, sowie von überbetrieblichen Maschinengemeinschaften (GbR) in Anspruch genommen werden. Die zinsgünstigen Kredite können auch zur Nachfinanzierung bereits geförderter Maßnahmen beantragt werden (LANDWIRTSCHAFTLICHE RENTENBANK, 2001).

Förderung von Innovationen

Die Mittel aus dem **Zweckvermögen** der LR dienen insbesondere der Finanzierung von Innovationen in der Agrarwirtschaft. Dabei kommen Forschungs- und Entwicklungsvorhaben und Vorhaben zur Praxiserprobung von Innovationen sowohl direkt in land- und forstwirtschaftlichen Unternehmen als auch in Unternehmen und Bereiche, die der Land- und Forstwirtschaft nahe stehen in Betracht (LANDWIRTSCHAFTLICHE RENTENBANK, 2001).

Die Beantragung der Mittel erfolgt über Banken und Sparkassen (Hausbankprinzip) und vor Beginn des Vorhabens. Die Fördermittel der LR werden grundsätzlich über die Hausbank geleistet, die gleichzeitig gegenüber der LR die Haftung der Darlehen übernimmt. Dies bedeutet in der Regel eine banknübliche Besicherung. Bei der Beantragung von Mitteln aus dem Zweckvermögen der LR ist der Kreditantrag mit Stellungnahme der Haubank vorzulegen, wobei je nach Projekt weitere Unterlagen und gutachterliche Stellungnahmen einer öffentlichen Fachbehörde (z.B. Landwirtschaftskammer, -behörde) angefordert werden können. Hier entscheidet die LR nach Zustimmung des Bundesministeriums für Verbraucherschutz, Ernährung und Landwirtschaft.

Finanzierungsprogramme der Deutschen Ausgleichsbank (DtA)

Die Deutsche Ausgleichsbank finanziert u.a. Maßnahmen der privaten gewerblichen Wirtschaft zur Nutzung erneuerbarer Energien im Rahmen ihres ERP-Umwelt- und Energiesparprogramms. Aus dem ERP-Umwelt- und Energiesparprogramm können bis zu 75 % der förderfähigen Investitionen finanziert werden. Die Darlehen können bis zum Höchstbetrag von 1 Mio EURO je Vorhaben bereitgestellt werden (BUNDESMINISTERIUM FÜR WIRTSCHAFT UND TECHNOLOGIE, 2001).

Finanzierungsprogramme der Kreditanstalt für Wiederaufbau (KfW)

Im Rahmen des KfW-Programms zur CO_2-Minderung werden Biomasse-, Biogas-, Geothermie- und Wasserkraftanlagen gefördert. Bei Biomasse- und geothermischen Anlagen kann der Kreditnehmer zusätzlich einen Teilschuldenerlass aus Mitteln des Bundes zur teilweisen vorzeitigen Tilgung des KfW-Darlehens beantragen. Gefördert werden namentlich (KREDITANSTALT FÜR WIEDERAUFBAU, 2001):

- Automatisch beschickte Anlagen zur Verfeuerung fester Biomasse mit einer Nennwärmeleistung > 100 kW zur Wärmeerzeugung und zur Kraft-Wärme-Kopplung,
- Anlagen zur Gewinnung und Nutzung von Biogas aus Biomasse zur Stromerzeugung oder kombinierten Strom- und Wärmeerzeugung,
- Wasserkraftanlagen und
- Anlagen zur Nutzung der oberflächenfernen Geothermie.

Die Darlehen sind grundsätzlich mit Fördermitteln aus öffentlichen Haushalten kombinierbar, Dabei darf der Subventionswert der Zinsverbilligung des Darlehens zusammen mit dem Subventionswert der übrigen Fördermittel 40 % der Investitionssumme nicht überschreiten.

7.3 Contracting

Unter Contracting werden Finanzierungs- oder Betreibermodelle verstanden, bei denen z.B. die Wärmeversorgungsanlage nicht mehr vom Betriebseigentümer gekauft, betrieben und gewartet, sondern von einem externen Unternehmer betrieben wird. Der Contracting-Kunde muss selbst keine Investitionen für die neue Anlage tätigen.

Im Gartenbau findet dabei das Anlagencontracting für die Wärmeversorgung von Gewächshäusern Anwendung. Hierfür übernimmt der Contractor je nach Vertragsumfang die Planung, Finanzierung, Bauausführung und den laufenden Betrieb der Anlage weitgehend auf eigenes Risiko. Die von der Heizanlage abgegebene Nutzwärme wird an einer festgelegten Übergabestelle (Wärmemengenzähler) kontinuierlich erfasst und vom Contracting-Nehmer zu einem vorher vereinbarten Preis bezahlt.

Weitere Informationen:

LANDWIRTSCHAFTLICHE RENTENBANK (2001): Informationen aus dem Internet (www.landwirtschaftliche-rentenbank.de).

BUNDESMINISTERIUM FÜR WIRTSCHAFT UND TECHNOLOGIE (2001): Informationen aus dem Internet (www.bmwi.de).

DEUTSCHE AUSGLEICHSBANK (2001): Informationen aus dem Internet (www.dta.de).

KREDITANSTALT FÜR WIEDERAUFBAU (2001): Informationen aus dem Internet (www.kfw.de).

Anhang

Umrechnungsfaktoren

Energie:

	J	kcal	kWh	kg SKE
J	-	2,39~ 10^{-4}	2,78 $*10^{-7}$	9,49 $*10^{-4}$
kcal	4187	-	$1{,}16*10^{-3}$	$1{,}43*10^{-4}$
kWh	$3{,}6*10^{6}$	860	-	0,123
kg SKE	$2{,}93*10^{7}$	7000	8,14	-

1 J = 1 Nm = 1kg m^2/s^2= 1Ws

Temperatur:

0 °C = 273,15 K

Emissionsfaktoren:

Energieträger[1]	Spezifische CO_2-Emisionen		
	Vorkette kg /MWh_{End}	**Brennstoff** kg /MWh_{End}	**Summe** kg/MWh_{End}
Steinkohle	27,95	336,0	364,0
Braunkohle	13,73	416,9	430,6
Heizöl EL	36,61	268,1	304,7
Heizöl S	45,53	283,6	329,1
Flüssiggas	64,08	229,5	293,6
Erdgas L	18,32	198,5	216,9
Erdgas H	18,32	206,0	224,3
Holz	1,49	365,0	
Strom 1997 (lokales Netz)		648,4	366,5

[1] Werte nach GEMIS 3,0; Ökoinstitut e.V., Freiburg

Anbauflächen und Erntemengen in den Sparten des Gartenbaus:

Tabelle A-1: Anbauflächen von Zierpflanzen.

Zierpflanzen	Anbauflächen 1996 in ha	heizbar **
Freilandfläche	4.311	
Unterglasfläche	2.755	2.617
Schnittblumen	753 *	715
Topfpflanzen (D-Glas)	245	233
Topfpflanzen (E-Sch.)	1.568	1.490

Anmerkungen:
Quelle: Bundesministerium für Ernährung, Landwirtschaft und Forsten (2000): Ertragslage Garten- und Weinbau.
* = Grundfläche geschätzt mit 85% der Schnittblumenanbaufläche
** = heizbarer Anteil geschätzt auf 95%

Tabelle A-2: Anbauflächen und Erntemengen im Gemüseanbau unter Glas.

Gemüse unter Glas	Anbauflächen in ha			Erntemengen in t		
	1998	1999	Durchschnitt	1998	1999	Durchschnitt
Kohlrabi	52	44	48	2.441	1.902	2.172
Kopfsalat	166	153	160	7.812	7.191	7.502
Feldsalat	234	246	240	2.450	2.510	2.480
Gurken	258	233	245	49.605	47.918	48.762
Tomaten	282	257	269	38.312	39.069	38.691
Rettich	54	54	54	2.568	2.348	2.458
Radies	68	54	61	1.490	1.154	1.322
sonstige Arten	246	223	234	9.202	9.230	9.216
Summe	1.357	1.263	1.310	113.880	111.322	112.601
Grundfläche nach Verhältnis von 1994	Grundfl. ha* 1.100	Anbaufl. ha** 1.445	= 76 % 996			
davon heizbar Prozentanteile	Agrarbericht** 85,2	Arbeitskreis*** 90,6	= 87,9 % 1.152			

Anmerkungen:
Quellen: Statistisches Bundesamt (2000): Reihe 3. Landwirtschaftliche Bodennutzung und pflanzliche Erzeugung
* aus: Statistisches Bundesamt (1994): Gartenbauerhebnung
** aus: Bundesregierung (1999): Agarbericht 1999
*** aus: Arbeitskreis Betriebswirtschaft im Gartenbau e.V. (1999): Kennzahlen für den Betriebsvergleich. Heft 42

Tabelle A-3: Anbauflächen und Erntemengen im Freilandgemüsebau.

Gemüse (Freiland)

	Anbauflächen in ha			Erntemengen in t		
	1998	1999	Durchschnitt	1998	1999	Durchschnitt
Weisskohl	7.186	7.350	7.268	475.000	559.000	517.000
Rotkohl	2.857	2.629	2.743	141.000	148.000	144.500
Wirsing	1.401	1.544	1.473	46.000	52.000	49.000
Grünkohl	911	912	912	16.000	18.000	17.000
Rosenkohl	573	621	597	8.000	9.000	8.500
Blumenkohl	5.878	5.820	5.849	157.000	157.000	157.000
Chinakohl	1.140	1.292	1.216	41.000	47.000	44.000
Kohlrabi	2.465	2.347	2.406	70.000	67.000	68.500
Kopfsalat	3.591		1.796	853.467	85.000	92.000
	2.884	3.924	3.404	66.000	92.000	79.000
Spinat	3.505	3.458	3.482	56.000	60.000	58.000
Möhren	7.838	8.050	7.944	360.000	370.000	365.000
Karotten	540	433	487	12.000	9.000	10.500
Knollensellerie	1.658	1.725	1.692	61.000	63.000	62.000
Rote Rüben	992	1.242	1.117	43.000	52.000	47.500
Radies	2.481	2.163	2.322	67.000	61.000	64.000
Rettich	941	855	898	25.000	24.000	24.500
Porree	2.368	2.424	2.396	64.000	70.000	67.000
Speisezwiebeln	6.775	6.618	6.697	260.000	262.000	261.000
Spargel	11.261	11.429	11.345	46.000	45.000	45.500
Pflückbohnen	4.218	3.986	4.102	46.000	44.000	45.000
Gurken	3.314	3.302	3.308	133.000	146.000	139.500
Frischerbsen	2.821	3.990	3.406	16.000	24.000	20.000
Anbauflächen						
Summe "wichtige Arten"	77.598	76.114	76.856	3.062.467	2.464.000	2.763.234
weitere Gemüsearten		11.765 *		**	266.772 *	266.772
Gemüse gesamt	77.598	87.879	82.739	**	2.730.772	3.030.006
Spargel (nicht im Ertrag)	1.078	1.176				
Grundflächen	96.398	101.871	99.135			

Anmerkungen:
Quellen: Statistisches Bundesamt (2000): Reihe 3. Landwirtschaftliche Bodennutzung und pflanzliche Erzeugung.
* aus: Bundesministerium für Ernährung, Landwirtschaft und Forsten (2000): Ertragslage Garten- und Weinbau.
** Angabe fehlt

Tabelle A-4: Anbauflächen und Erntemengen vom Marktobstanbau.

Obst	Anbauflächen (Marktobst) in ha			Erntemengen (Marktobst) in t		
	1998	1999	Durchschnitt	1998	1999	Durchschnitt
Äpfel		35.801	35.801	977.219	1.036.124	1.006.672
Birnen		2.372	2.372	55.392	54.042	54.717
Süßkirschen		6.069	6.069	31.789	37.858	34.824
Sauerkirschen		5.030	5.030	23.338	37.327	30.333
Pflaumen/Zwetschen		5.005	5.005	45.438	51.441	48.440
Mirabellen u.ä.		430	430	2.382	3.470	2.926
Aprikosen		62	62	211	227	219
Pfirsiche		167	167	709	7.085	3.897
Walnüsse		89	89	278	250	264
Summe	-	55.025	55.025	1.136.756	1.227.824	1.182.290
Obstanlagen	72.013	69.359	70.686			
Erdbeeren	8.427	9.269	8.848	81.500	109.200	95.350

Anmerkungen: Quelle: Statistisches Bundesamt (2000): Reihe 3. Landwirtschaftliche Bodennutzung und pflanzliche Erzeugung.

Tabelle A-5: Anbauflächen von Baumschulgehölzen.

Baumschule	Anbauflächen in ha		
	1994	1996	Durchschnitt
Obstgehölze	1.699	1.577	1.638
Ziergehölze	13.942	13.990	13.966
Forstpflanzen	4.183	4.073	4.128
sonstige	7309	7.370	7.340
Anbaufläche	19.824	27.010	23.417

Anmerkungen: Quelle: Bundesministerium für Ernährung, Landwirtschaft und Forsten (2000): Ertragslage Garten- und Weinbau.

Tabelle A-6: Erlöse verschiedener Sparten des Gartenbaus.

Erlöse	in Mio. DM (ohne MwSt.)		
	1997/98	1998/99 *	Durchschnitt
Gemüsebau	1.577	2.112	1.845
Zierpflanzenbau	1.820	2.133	1.977
Baumschule	3.170	2.915	3.043
Obstbau	8.687	8.830	8.759
Anmerkungen:	Quelle: Bundesministerium für Ernährung, Landwirtschaft und Forsten (2000): Ertragslage Garten- und Weinbau. * = vorläufige Schätzungen		

Tabelle A-7: Anbauflächen und Erntemengen im Freilandgemüseanbau in NRW.

Gemüse (Freiland)	Anbauflächen in ha			Erntemengen in t		
	1998	1999	Durchschnitt	1998	1999	Durchschnitt
Anbauflächen						
Summe "wichtige Arten"*	17.817	17.229	17.523	490.435	504.419	497.427
weitere Gemüsearten	**	**		**	**	
Gemüse gesamt	17.817	17.229	17.523	490.435	504.419	497.427
Anmerkungen:	Quellen: Statistisches Bundesamt (2000): Reihe 3: Landwirtschaftliche Bodennutzung und pflanzliche Erzeugung. * einschliesslich nicht ertragfähiger Anbauflächen von Spargel ** Angabe fehlt					

Tabelle A-8: Anbauflächen und Erntemengen für Gemüsebau unter Glas in NRW.

Gemüse unter Glas	Anbauflächen in ha			Erntemengen in t		
	1998	1999	Durchschnitt	1998	1999	Durchschnitt
Kohlrabi	16	12	**14**	2.441	1.902	**2.172**
Kopfsalat	55	47	**51**	7.812	7.191	**7.502**
Feldsalat	44	42	**43**	2.450	2.510	**2.480**
Gurken	37	41	**39**	49.605	47.918	**48.762**
Tomaten	43	40	**42**	38.312	39.069	**38.691**
Rettich	1	1	**1**	2.568	2.348	**2.458**
Radies	19	11	**15**	1.490	1.154	**1.322**
sonstige Arten	246	63	**49**	9.202	9.230	**9.216**
Summe	461	257	**253**	113.880	111.322	**112.601**
Grundfläche nach Verhältnis von 1994	Grundfl. ha* 1.100	Anbaufl. ha** 1.445	= 76 % **193**			
davon heizbar Prozentanteile	Agrarbericht** 85,2	Arbeitskreis*** 90,6	= 87,9 % **223**			

Anmerkungen:
Quellen: Statistisches Bundesamt (2000): Reihe 3. Landwirtschaftliche Bodennutzung und pflanzliche Erzeugung
* aus: Statistisches Bundesamt (1994): Gartenbauerhebnung
** aus: Bundesregierung (1999): Agarbericht 1999
*** aus: Arbeitskreis Betriebswirtschaft im Gartenbau e.V. (1999): Kennzahlen für den Betriebsvergleich. Heft 42

Tabelle A-9: Anbauflächen für Zierpflanzen in NRW.

Zierpflanzen	Anbauflächen in ha		
	1996	1999 ***	Durchschnitt **
Freilandfläche	1.629	3.392	2.511
Unterglasfläche	944	1.050	**947**
Schnittblumen	224 *	-	**213**
Topfpflanzen	326	-	**310**

Anmerkungen:
Quelle: Bundesministerium für Ernährung, Landwirtschaft und Forsten (2000): Ertragslage Garten- und Weinbau.
* = Grundfläche geschätzt mit 85% der Schnittblumenanbaufläche
** = heizbarer Anteil geschätzt auf 95%
*** Erhebungen der LK Rheinland und Westfalen-Lippe, 2000

Tabelle A-10: Anbauflächen und Erntemengen des Obstanbaus in NRW.

Obst	Anbauflächen (Marktobst) in ha			Erntemengen (Marktobst) in t		
	1998	1999	Durch-schnitt	1998	1999	Durch-schnitt
Äpfel		2.393	2.393	48.053	65.908	56.981
Birnen		185	185	2.606	5.096	3.851
Süßkirschen		25	25	121	267	194
Sauerkirschen		233	233	1.383	1.646	1.515
Pflaumen/Zwetschen		146	146	6.176	6.176	6.176
Mirabellen u.ä.		430	430	8	11	10
Aprikosen		62	62	-	0	0
Pfirsiche		167	167	20	16	18
Walnüsse		89	89	51	26	39
Summe	-	3.730	3.730	58.418	79.146	68.782
Obstanlagen	3.606	3.623	3.615	72.146	102.729	87.438
Erdbeeren	1.687	1.876	1.782	18.881	28.383	23.632
Anmerkungen:	Quelle: Statistisches Bundesamt (2000): Reihe 3. Landwirtschaftliche Bodennutzung und pflanzliche Erzeugung.					

Tabelle A-11: Anbauflächen für Baumschulgehölze in NRW.

Baumschule	Anbauflächen in ha		
	1994	1996	Durchschnitt
Obstgehölze	1.699	1.577	1.638
Ziergehölze	13.942	13.990	13.966
Forstpflanzen	4.183	4.073	4.128
sonstige	7309	7.370	7.340
Anbaufläche	19.824	27.010	23.417
Anmerkungen:	Quelle: Bundesministerium für Ernährung, Landwirtschaft und Forsten (2000): Ertragslage Garten- und Weinbau.		

Temperatureinstellungen für die Modellbetriebe:

Monat	Beet- und Balkonpflanzen		
	Tag-temperatur [°C]	Nacht-temperatur [°C]	Lüftungs-temperatur [°C]
Januar	6	5	6
Februar	8	6	10
März	8	7	10
April	12	10	14
Mai	14	12	16
Juni	16	14	18
Juli	16	14	18
August	16	14	18
September	12	10	14
Oktober	10	8	12
November	8	6	10
Dezember	6	5	8

Woche	Tomaten			Kalthaus		
	Tag-temperatur [°C]	Nacht-temperatur [°C]	Lüftungs-temperatur [°C]	Tag-temperatur [°C]	Nacht-temperatur [°C]	Lüftungs-temperatur [°C]
1	18	17	19	0	0	0
2	18	17	19	6	2	10
3	18	17	19	6	2	10
4	18	17	19	2	2	10
5	18	17	19	2	2	10
6	19	16	19	2	2	10
7	19	16	19	2	2	10
8	19	16	19	2	2	10
9	19	16	19	2	2	10
10	19	16	19	2	2	10
11	19	16	19	2	2	10
12	19	16	19	2	2	10
13	19	16	19	2	2	10
14	19	16	19	2	2	10
15	19	16	19	2	2	10
16	19	16	20	2	2	10
17	20	16	21	10	10	12
18	20	16	21	10	10	12
19	20	16	21	10	10	12
20	20	16	21	10	10	12
21	20	16	21	10	10	12
22	20	16	21	10	10	12
23	20	16	21	10	10	12
24	20	16	21	10	10	12
25	20	16	21	10	10	12
26	20	16	21	10	10	12

Woche	Tomatenbetrieb			Gemüsebetrieb		
	Tag-temperatur [°C]	Nacht-temperatur [°C]	Lüftungs-temperatur [°C]	Tag-temperatur [°C]	Nacht-temperatur [°C]	Lüftungs-temperatur [°C]
27	20	16	21	10	10	12
28	20	16	21	10	10	12
29	20	16	21	10	10	12
30	20	16	21	10	10	12
31	20	16	21	10	10	12
32	20	16	21	10	10	12
33	20	16	21	10	10	12
34	20	16	21	6	4	10
35	19	16	20	6	4	10
36	19	16	20	6	4	10
37	19	16	20	6	4	10
38	19	16	20	6	4	10
39	19	16	20	6	4	10
40	18	15	19	6	4	10
41	18	15	19	6	4	10
42	18	15	19	6	4	10
43	18	15	19	6	4	10
44	18	15	19	6	4	10
45	18	15	19	6	4	10
46	18	15	19	6	4	10
47	0	0	0	6	4	10
48	0	0	0	6	4	10
49	0	0	0	6	4	10
50	0	0	0	0	0	0
51	0	0	0	0	0	0
52	18	17	19	0	0	0

Energiechecklisten:

Checkliste Energieeinsatz im Unterglasanbau

Gewächshaus: ________ Bauart: ☐ Venlo ☐ Dt. Norm Schiffbreite ____ m Material Dachfläche: ________ E-Schirm: ________

Breite: ____ m Länge: ____ m Fläche: ____ m² Material Giebel: ________ Folie: ________

Material Stehwände: ________ Folie: ________

Kalthaus ☐ Min. Temperatur ____ °C Teilnutzung möglich ________ Baujahr ________

Warmhaus ☐

Kulturen: ________________________________

Kultursystem ________________________________

Bewässerungssystem: ☐ Ebbe-Flut/Rinne ☐ Tröpfchen ☐ Düsenrohre ☐ Hand Sonstiges: ________

Notizen ________________________________

1. Gewächshaushülle	Kein Handlungsbedarf	Handlungsbedarf	Potential
Konstruktion			
Sprossen	abgedichtet	Kältebrücken	
Stehwände/Giebel	mit Folie gedämmt	keine Maßnahme	
Fundamente			
Wärmedämmung	isoliert	keine Maßnahme	
Verglasung (Bedachung)			
Scheiben	in Ordnung	verrutscht/defekt	
Scheiben	sauber	verschmutzt	
Stehwandverglasung	2. Scheibe	keine Maßnahme	
Verkittung	dicht	undicht	
Klemmprofile	vorhanden	keine	

Lüftungen	Kein Handlungsbedarf	Handlungsbedarf	Potential
Klappen schließen	vollständig	unvollständig	
Zugseile/Zahnstangen	in Ordnung	defekt	
Rinnen			
Rinnen	gedämmt	ungedämmt	
Türen/Tore			
schließen	vollständig	unvollständig	
	leicht	schwer	
Energieschirm/Schattierung			
schließen	dicht	undicht	
am Zugband dicht	dicht	undicht	
am Gitterbinder dicht	dicht	undicht	
Schürzen dichten ab	dicht	undicht	
Material am Giebel dicht	dicht	undicht	
Material	nicht beschädigt	beschädigt	
Materialart (Acryl/Alu/Bändchen)	hohe Energiesparwirkung	geringe Energiesparwirkung	
Bewässerungssystem			
System	geschlossen	offenes System	
Wasserfläche	kleine Verdunstungsfläche	große Verdunstungsfläche	

Notizen

2. Mess- und Regeltechnik	Kein Handlungsbedarf	Handlungsbedarf	Potential
Regelung			
Regelgeräte	aktuell	veraltet	
Temperatur- und Luftfeuchtefühler			
Wartung/Inspektion/Kontrolle	durchgeführt	nicht durchgeführt	
Anordnung	pflanzennah	falsch	
Klimacomputer			
Wetterstation/Kontrolle	durchgeführt	nicht durchgeführt	
Überprüfung der eingestellten Sollwerte auf Einhaltung	durchgeführt	nicht durchgeführt	
Energiesparende Einstellungen:			
→ frühes Ablüften	eingestellt	ungenutzt	
→ Erhöhung der Lüftungstemperatur	eingestellt	ungenutzt	
→ Energieschirme später öffnen	eingestellt	ungenutzt	
→ Energieschirme früher schließen	eingestellt	ungenutzt	
→ keine Bewässerung nachts	eingestellt	ungenutzt	
→ Dynamische Temperaturführungsstrategien	eingestellt	ungenutzt	

Regelstrategie: ____________________

Regelung erfolgt mit: ____________________

Seite 4 vor

3. Heizungsanlage	Kein Handlungsbedarf	Handlungsbedarf	Potential
Verteileranlagen und Rohrsystem			
Rohrheizung (HR, UT, Kombi, Boden, Veg.)			
Handmischer	beweglich	sitzen fest	
Pumpentyp (Bezeichnung)	Trockenläufer	Nassläufer	
Vorregelung Ringleitung	vorhanden	nicht vorhanden	
Isolierung: Verteiler/Ringleitung	in Ordnung	defekt/nicht vorhanden	
Wärmeverteilung			
Anordnung Heizsystem	pflanzennah	hohe Rohrheizung	
Rohrtyp	geringer Wasserinhalt	großer Wasserinhalt	
Lufterhitzer (CO_2-Kanonen)			
Wartung/Inspektion	durchgeführt	nicht durchgeführt	

Notizen/Heizungssystem

Kesselbezeichnung ______ **Leistung** ______ **Brennstoff:** ☐ Öl ☐ Gas ☐ Kohle ☐ ______

Kessel: ______ Baujahr ______ Anschlussleistung Kesselbeimischpumpe ______

Brenner: ______ Baujahr ______

Grundlastkessel ☐ Spitzenlastkessel ☐ Anteil ______

Kesselregelung:
(Thermos, Witterungsgef. Klimacomp.) ______

Eingestellte Kesseltemperatur ______

Zustand Kamin ______

Notizen

______

______

______

Verbrauch im Jahr ______ Energiekosten Brennstoff ______ Energiekosten Strom ______

Heizkessel	**Kein Handlungsbedarf**	**Handlungsbedarf**	**Potential**
Kesselisolierung	vollständig	unvollständig	
Wartung/Inspektion	durchgeführt	nicht durchgeführt	
Rauchgaszüge	gereinigt	ungereinigt	
Kesseltemperatur	an Bedarf abgepasst	höher als erforderlich	
Kesselbeimischpumpe	nur bei Bedarf	läuft immer	
Abgaskondensator (Gas)	vorhanden	nicht vorhanden	
Wirkungsgrad Kondensator	viel Kondensat	kein Kondensat	
Abgasnutzung (CO_2)	ja	nein	
Umstellung auf andere Energieträger			
Möglichkeit	überprüft	nicht überprüft	

Adressen:

LK RL	Landwirtschaftskammer Rheinland	Endenicher Allee 60 531115 Bonn Tel: 0228 / 703-0 Fax: 0228 / 703-8498 www.landwirtschaftskammer.de
LK WL	Landwirtschaftskammer Westfalen-Lippe	Nevinghoff 40 48147 Münster Tel: 0251 / 2376-0 Fax: 0251 / 2376-521 www.landwirtschaftskammer.com
KTBL	Kuratorium für Technik und Bauwesen in der Landwirtschaft FG Technik und Bauwesen im Gartenbau	Godesberger Allee 142-148 53175 Bonn Tel: 0228 / 810 02-20 Fax: 0228 / 810 02-48 www.ktbl.de
ZVG	Zentralverband Gartenbau e.V.	Godesberger Allee 42-48 53175 Bonn Tel: 0228 / 810 02-0 Fax: 0228 / 810 02-48 www.g-net.de/zvg/
LV WL	Landesverband Gartenbau Westfalen-Lippe e.V.	Germaniastr. 53 44397 Dortmund Tel: 0231 / 961 01-40 Fax: 0231 / 961 01-490
LV RL	Landesverband Gartenbau Rheinland e.V.	Haus des Rheinischen Gartenbaus Amsterdamer Str. 206 50735 Köln Tel: 0221 / 715 10-0 Fax: 0228 / 715 10-31

MWMEV	Ministerium für Wirtschaft und Mittelstand, Energie und Verkehr des Landes Nordrhein-Westfalen	Haroldstr. 4 40213 Düsseldorf Tel: 0211 / 837-02 Fax: 0211 / 837-220 www.mwmev.nrw.de
MUNLV	Ministerium für Umwelt, Naturschutz Landwirtschaft und Verbraucherschutz des Landes Nordrhein-Westfalen	Schwannstr. 3 40476 Düsseldorf Tel: 0211 / Fax: 0211 / www.munlv.nrw.de
ETN	Forschungszentrum Jülich Projektträger Energie, Technologie, Nachhaltigkeit	Karl-Heinz-Beckurts-Str. 13 52428 Jülich Tel: 02461 / 690-601 Fax: 02461 / 690-610 www.fz.juelich.de/etn
LZE NRW	Landesinitiative Zukunftsenergien NRW	c/o MWMEV Haroldstr. 4 40213 Düsseldorf Tel: 0211 / 866 42-0 Fax: 0211 / 866 42-22 www.energieland.nrw.de
EA NRW	Energieagentur NRW	Morianstr. 32 42103 Wuppertal Tel: 0202 / 245 52-0 Fax: 0202 / 245 52-30 www.ea.nrw.de
EFA	Effizienz-Agentur NRW	Mühlheimer Str. 100 47057 Duisburg Tel: 0203 / 378 79-0 Fax: 0211 / 378 79-44 www.efanrw.de

DtA	Deutsche Ausgleichsbank	Wielandstr. 4 53173 Bonn DtA-Bestellservice Tel: 0228 / 831-2261 Fax: 0228 / 831-2130 DtA-Infoline Tel: 0228 / 831-2401 www.dta.de
KfW	Kreditanstalt für Wiederaufbau	Palmengartenstr. 5-9 60325 Frankfurt Tel: 069 / 7431-0 Fax: 069 / 7431-2944 www.kfw.de
LR	Landwirtschaftliche Rentenbank	Hochstr. 2 60313 Frankfurt Tel: 069 / 2107-0 Fax: 069 / 2107-459 www.landwirtschaftliche-rentenbank.de
BAW	Bundesanstalt für Wirtschaft	Frankfurter Str. 29-31 65760 Eschborn Tel: 06196 / 404-0 Fax: 06196 / 942-26 www.bawi.de

Schlagwortverzeichnis

A

B

C

D

E

F

G

H

I

J

K

L

M

N

R

S

T

V

W

Z

FSC
www.fsc.org
MIX
Papier | Fördert gute Waldnutzung
FSC® C083411

Kolibri 360 GmbH
Ferdinand-Jühlke-Straße 7
99095 Erfurt, Deutschland
produktsicherheit@kolibri360.de